大道有象

刘东黎 著

观

象

中国林业出版社
China Forestry Publishing House

南

北

一道被"北渡南归"的大象牵引的目光，弥散在历史、空间、文化、生态等多个维度里，最终凝聚成对人类与亚洲象关系的深远思量，也蕴涵着人类对家园梦想、对人类历史与未来走向的领悟与追问。

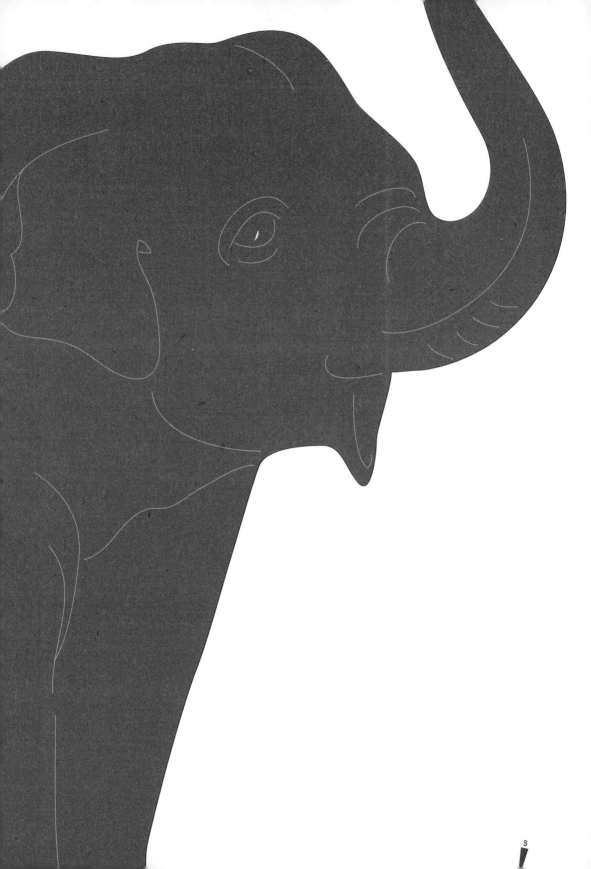

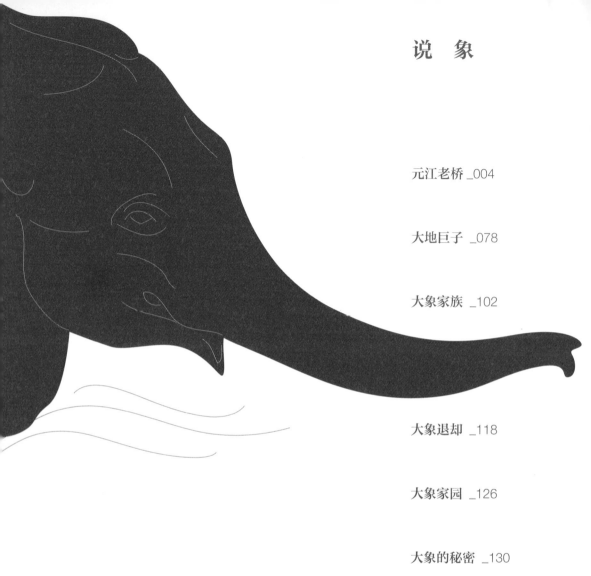

说 象

s
i

说 象

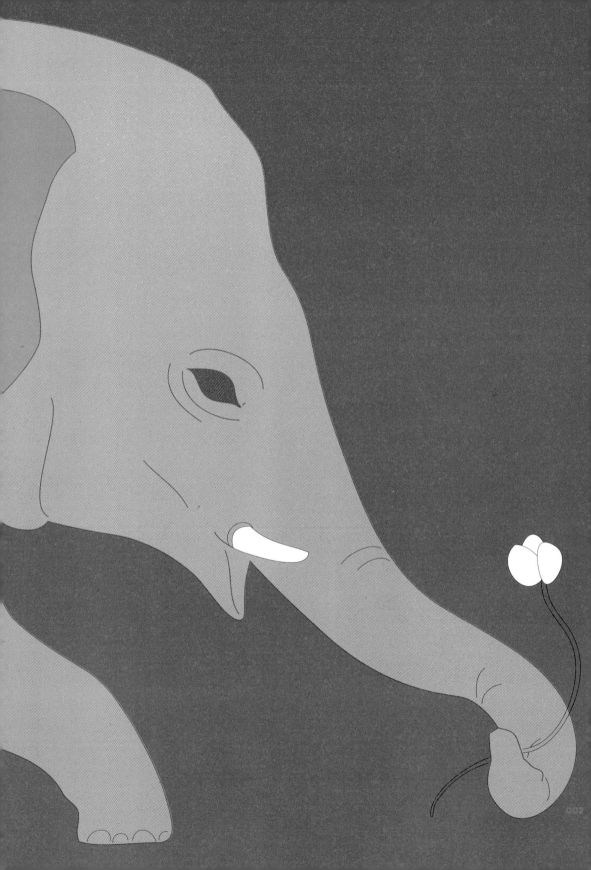

象

一群亚洲象历时 17 个月的
奇幻之旅的最后一站

元江老桥

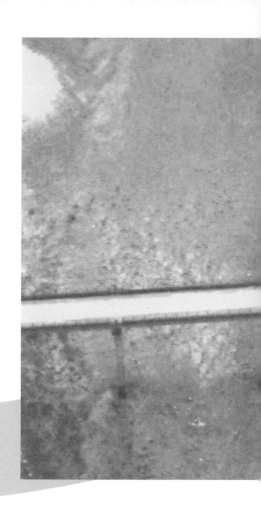

  2021 年 8 月 8 日 20 时 08 分，213 国道元江老桥，14 头北移亚洲象通过 151.62 米长的元江老桥，元江奔腾，暮色苍茫。象群安全过桥渡过元江干流返回南岸。消失在元江南岸的丛林中……

  元江夜晚的气温仍然很高，大象 36℃的体温与河岸边经过一天炙烤的石头不分上下，热成像里一片红色，难以区分大象的踪影。跨过元江向南走，意味着这场罕见的亚洲象群长距离北移跨越了南归的最大障碍。

为了人象平安，无数人夜以继日、

默默地守护……

一个个问号盘旋在野生亚洲象

搜寻监测分队队员们的心中。

"立秋以后，气温慢慢下降，元江以北的地方也许就不再适合大象们生存了，食物也会越来越少。返回南边，我们也就放心了。"

"大象会不会选择人类
修建的桥梁？"

"它们喜爱戏水，过桥
时会不会跳进元江造成
悲剧？"

"这座修建年代久远的
桥梁，能否承受得了群
象的重量？"

3 组无人机同时监测，队员们在屏幕前凝神屏息，盯着象群走过元江老桥，心中虽然狂喜，但工作不敢有一刻松懈。云南森林消防总队野生亚洲象搜寻监测分队队长杨翔宇率队监测北移亚洲象活动。他们携带 13 台无人机、6 部红外望远镜等装备，先后转场玉溪、昆明、红河 3 个州（市）8 个县（市、区）21 个乡（镇），标绘要图 248 份，机动 11704 千米，地面监测跟踪 66 小时，飞行无人机 2804 架次、1129 小时、2825 千米。

夜视拍摄

热感拍摄

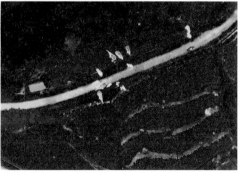

原有栖息地

西双版纳傣族自治州

普洱市（墨江哈尼族自治县、思茅区、宁洱哈尼族彝族自治县）

途　经

玉溪市（元江哈尼族彝族傣族自治县、红塔区、峨山彝族自治县、易门县、新平彝族傣族自治县）

红河哈尼族彝族自治州（石屏县）

昆明市（晋宁区、安宁市）

元江以北，虽然部分区域亚洲象也能生存，但是到了冬季降雨减少、气温降低、食物匮乏，越往北人们越担心大象会不会适应，会不会与人冲突？想让大象南归不容易，想让大象过江可就更不是件容易的事情。2021年5月11日象群北移渡过元江干流时，处于枯水期的元江水流量为73立方米/秒。随着云南地区雨季的到来，7月和8月间进入丰水期的元江平均水流量达到120立方米/秒，最高水流量达628立方米/秒。水流量剧增，江水流淌较湍急，让亚洲象群淌水过江并不现实，这成为阻碍象群向南走的最大问题。

元江是云南最古老的河流之一，也是亚洲象栖息地适宜性的一条分界线，因此，渡过元江水系是北移象群返回原栖息地的重要地理节点。

象群顺利渡江的背后

　　亚洲象作为一种巨兽，受惊吓后极有可能对人类发动攻击，对象群通常采用的方法是柔性疏堵、投食引导。由于大象的活动空间大多是野外自然环境，上山、下河的时候很难全方位围堵，有时候突然赶上大雨天，为了保障山上的象群安全，还要为它们开辟新路。

　　为引导象群移动至渡江点，前线指挥部在象群还未进入元江县境内时，便组织指挥部人员、水利部门专家、公路部门专家、林草部门专家对象群过江点进行勘察调查。短短几天内，指挥部工作人员步行走完了元江县境内76千米的元江河道，结合象群所在位置，深入分析研究，确定了东、中、西三条线路。为避免象群从水域渡江可能造成的危险和伤

2020 年 3 月

2021 年 8 月

亡，最终选择让象群从昆磨公路元江入口收费站附近老213国道老桥桥面渡江。

奋战13天12夜后，象群行程143千米，顺利到达渡江点，象群仅用了3分45秒，轻轻松松就过了元江老桥，而为了这几分钟，元江县委、县政府共投入车辆2844辆次，投入人力6673人次。

元江老桥桥梁长151.62米，宽7米，高14.6米。从此处渡江，避免了象群从水域渡江可能造成的危险和伤亡。

数日后，象群由玉溪市元江哈尼族彝族傣族自治县曼来镇进入普洱市墨江哈尼族自治县境内，重返适宜栖息范围。亚洲象生存环境可分为四大类：最适宜、适宜、一般和不适宜栖息地。越向北，气温越低、食物越少，越不适宜亚洲象栖息。

元江水系是亚洲象适宜栖息地和一般栖息地的分界线。

2021年9月1日凌晨1时40分，北移后南返回到墨江县的亚洲象群走上过者桥，成功跨过阿墨江进入景星镇。

把边江大桥

西双版纳
国家级自然保护区

元江老桥

过者桥

9月10日凌晨1时整，14头北移亚洲象安全顺利通过把边江大桥，从普洱市墨江县进入宁洱县磨黑镇。它们距离西双版纳国家级自然保护区的直线距离只有100多千米，至此，北移亚洲象群正式结束了它们长达17个月的北上旅程。

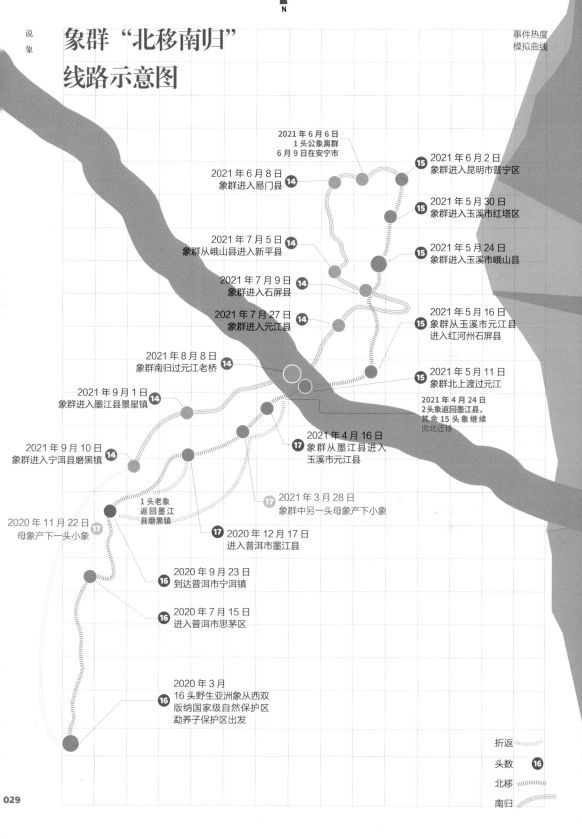

象群"北移南归"
线路示意图

事件热度
模拟曲线

2021年6月6日
1头公象离群
6月9日在安宁市

2021年6月2日 ⑮
象群进入昆明市普宁区

2021年6月8日 ⑭
象群进入易门县

2021年5月30日 ⑮
象群进入玉溪市红塔区

2021年7月5日 ⑭
象群从峨山县进入新平县

2021年5月24日 ⑮
象群进入玉溪市峨山县

2021年7月9日 ⑭
象群进入石屏县

2021年7月27日 ⑭
象群进入元江县

2021年5月16日 ⑮
象群从玉溪市元江县
进入红河州石屏县

2021年8月8日 ⑭
象群南归过元江老桥

2021年5月11日 ⑮
象群北上渡过元江

2021年9月1日 ⑭
象群进入墨江县景星镇

2021年4月24日
2头象返回墨江县,
其余15头象继续
向北迁移

2021年4月16日 ⑰
象群从墨江县进入
玉溪市元江县

2021年9月10日 ⑭
象群进入宁洱县磨黑镇

1头老象
返回墨江
县磨黑镇

2021年3月28日 ⑰
象群中另一头母象产下小象

2020年11月22日 ⑰
母象产下一头小象

2020年12月17日 ⑰
进入普洱市墨江县

2020年9月23日 ⑯
到达普洱市宁洱镇

2020年7月15日 ⑯
进入普洱市思茅区

2020年3月 ⑯
16头野生亚洲象从西双
版纳国家级自然保护区
勐养子保护区出发

折返

头数 ⑯

北移

南归

2020年3月，母象带着十几名家族成员离开了祖祖辈辈居住的西双版纳的森林家园，义无反顾地向北出发。

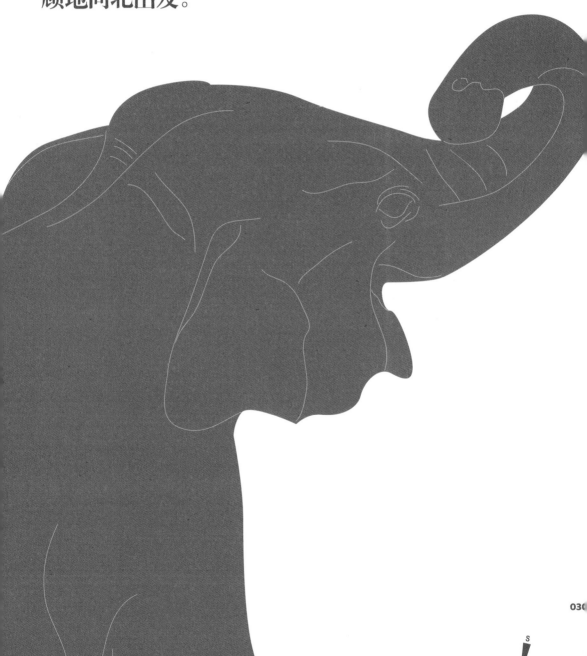

S

母象选择先北上往普洱走，是因为 20 多年前，就有一个 5 头象的家族迁移普洱市思茅区一带，并且留了下来，之后有两群约 32 头亚洲象迁移到普洱市思茅区的思茅港和六顺镇，后来 100 余头大象时常在普洱与版纳之间往返，没有走远。这些年，大象们的迁移明显比以前多了，它们向北、向南、向西不断尝试新的生活空间，和母象差不多同期决定离开的，还有一个 17 头的象群，它们选择了往南走，不过这不稀奇，南边本来就是象群活动的区域，过境到老挝、缅甸是常有的事。

所以，原本就有野生亚洲象分布的西双版纳、普洱和临沧，十几头大象的到来，并不奇怪。然而，谁也不知道，后来的后来，在2020年年底，这15头野生亚洲象在普洱徘徊近9个月后走出了墨江县。从2021年4月16日几经周折，它们穿越密林，经过村镇，跨越河流，跋山涉水，历时110多天，迂回行进1300多千米，途经玉溪市、红河哈尼族彝族自治州、昆明市3个州（市）8个县（市、区）21个乡（镇）。

美联社、路透社、法新社、英国广播公司、美国有线电视新闻网、德国之声、今日俄罗斯、意大利广播公司、日本朝日新闻、纽约时报、英国卫报、曼谷邮报等海外媒体对此进行了客观公允的报道，对中国亚洲象群北移进行报道的海外媒体超过1500家，相关报道超过3000篇，覆盖全球180多个国家和地区。

人民日报、新华社、中央广播电视总台、光明日报、经济日报、中国日报、中新社等超过1500家国内媒体对云南"亚洲象北移"进行了报道，微博、抖音、哔哩哔哩、今日头条等社交和信息聚合平台话题累计点击量超过110亿次。

　　在2021年的夏天，象群为全世界的网民上演了扣人心弦、跌宕起伏的"冒险"旅行。它们一路向北又向西，之后它们沿着普洱、玉溪、昆明等地北上、西进后，它们的故事，无论是闯入村民家中，践踏作物，还是偷吃玉米吃，或是蜷缩在一起睡觉，都牵动着中国乃至全世界的心。

通过这十几头大象的"纪录片"，人们看到了中国人会对不请自来的野生大象如此耐心和友好：

"世界各地的观众看到了中国有多大，知道了一个美丽的省份——云南。"

"知道了，中国的大都市不仅限于北京、上海和广州，一年四季如春的云南省会昆明也是其中之一。"

"象群北移 500 千米，在中国，象群仍然在它们几个月前踏上旅程的同一个省份。"

"人们很高兴看到一头小象在迁移过程中出生……"

"为象群让路。政府宣布对大象造成的任何损害向居民提供全额赔偿……"

"即使它们破坏了 50 多公顷的农田，也没有人把它们赶走……"

人们甚至发现大象喜欢玉米而不是菠萝……

"人象平安"。在这个夏天里，可以说字字千钧，浸透着很多很多人的心血汗水和分毫不敢松懈的努力。这是中国有记录以来最长距离的动物迁移，让所有人收获了快乐，然而大象不会知道，为了保护它们，有太多的人为它们一路守护。

截至 8 月 8 日，有关部门共出动警力和工作人员 2.5 万多人次、布控应急车辆 1.5 万多台次，疏散转移群众 15 万多人次，投放象食近 180 吨。

距离产生的美

有时候很简单，无论初心是好奇、担心还是喜欢，当人们从无人机的角度俯瞰这群象群，总能感受到大象的温情和快乐。

这次意外的事件让我们知道了尊重、让步、保护，也让人们开始关注它，观察它。

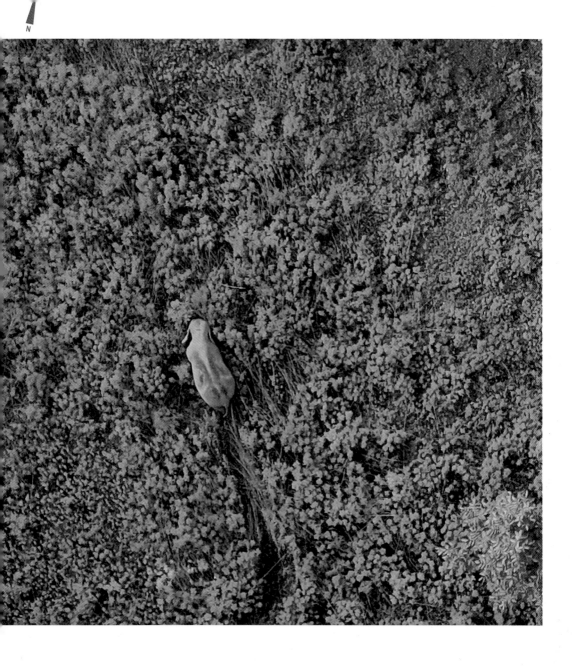

黎明时分，雨意渐浓。
在一片森林之下，雨水
剔透晶莹，灌溉万物，
渗透至林木根部，过后
又无迹可循。

时间以不同的方式流
逝，一小时像过了一天，
一天像过了一季，一季
像过了一生。

从激流到静水，从土壤
到地表，从草丛到灌林，
从林下到林冠，生活着
各式各样的生灵。

在最近这两年，云南几乎每隔一两周就会有新的物种被发现。这片低纬度高原，就是它们共同的家。这片土地有着丰饶神秘的物种优势和生态景观，生物多样性与生态整体性相辅相成。这里就是中国热带雨林生态系统保存最完整的地区——西双版纳。

西双版纳

中国云南的最南端，横断山脉的南延部分，怒江、澜沧江、金沙江褶皱系的末端，处于北回归线以南的热带北部边沿。北有哀牢山、无量山为屏障，阻挡了南下的寒流；南面东西两侧靠近印度洋和孟加拉湾；中部为澜沧江及其支流侵蚀形成的宽谷盆地，主要属于低山至中山中切割及浅切割地形。国境线长 966.3 千米。州内最高点是勐海县勐宋乡的滑竹梁子，海拔 2429 米，最低点是澜沧江与南腊河的会合处，海拔 477 米。其中山地面积占土地面积的 95%，坝子面积则为总面积的 5%。垂直分布于海拔 800~1500 米的低中区的南亚热带，全州河流属澜沧江水系，计有大小河流 2762 条，河网总长度 12177 千米。气候与自然植被属于西部季风热带气候，干湿季明显。

说象

N

景洪市

勐养子保护区

勐海县

曼稿子保护区

勐仑子保护区

勐腊子保护区

勐腊县

尚勇子保护区

水系

各子保护区

生物走廊带

西双版纳国家级自然保护区区域示意图

S

西双版纳自然保护区于1958年建立，是我国最早建立的20个自然保护区之一，由地域上互不相连的勐养、勐腊、尚勇、曼稿、勐仑5个子保护区组成。保护区总面积占西双版纳傣族自治州面积的12.68%，是以保护热带森林生态系统和珍稀野生动植物为主要目的的一个大型综合性自然保护区，是中国热带森林生态系统保存比较完整，生物资源极为丰富，面积最大的热带原始林区。野生珍稀动植物荟萃，珍稀、濒危物种多，还是我国亚洲象种群数量最多和较为集中的地区。

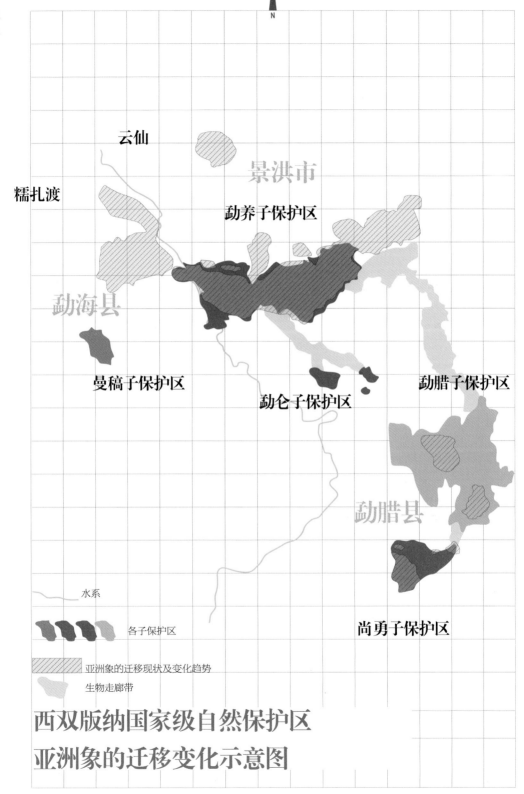

説

象

云仙

糯扎渡

景洪市

勐养子保护区

勐海县

曼稿子保护区

勐仑子保护区

勐腊子保护区

勐腊县

尚勇子保护区

水系

各子保护区

亚洲象的迁移现状及变化趋势

生物走廊带

西双版纳国家级自然保护区
亚洲象的迁移变化示意图

亚洲象

Elephas maximus Linnaeus

分布于印度和泰国等南亚、东南亚国家，全球数量约为 4 万 ~ 5 万头，在我国属 I 级保护动物。被国际自然保护联盟（IUCN）评为"濒危"等级，是非常珍稀的旗舰物种。我国野生亚洲象种群数量约为 293 头，分布于云南省西双版纳傣族自治州（景洪市、勐腊县和勐海县）、普洱市（思茅区、江城哈尼族彝族自治县、澜沧拉祜族自治县、宁洱哈尼族彝族自治县和景谷傣族彝族自治县）和临沧市（沧源佤族自治县）3 个州（市）的 9 个县（区）。

亚洲象

（*Elephas maximus* Linnaeus），别名印度象、大象、亚洲大象。亚洲象属于哺乳纲（Mammalia）长鼻目（Proboscidea）象科（Elephantidae）亚洲象属（*Elephas*）

中国亚洲象主要分布在西双版纳国家级自然保护区，这片茂密的热带雨林占地约 24.25 万公顷，是伦敦面积的 1.5 倍，是云南大部分濒危亚洲象的家园。

保护区内
热带雨林面积
24.25 万公顷

伦敦面积
15.7 万公顷

大象是一种延续了5000万年的物种，大象家族曾经很繁荣，是地球上最占优势的动物类群之一。现已发现400余种大象化石，但由于历史上气候和人为原因，导致这个族群的种类越来越少。如今大象却到了濒危边缘。它是世界上最大的陆生哺乳动物，属于长鼻目，目前长鼻目仅有2属3种：

非洲草原象
（又称非洲丛林象， *Loxodonta africana***）**

非洲森林象
（ *Loxodonta cyclotis* ）

亚洲象
（ *Elephas maximus* Linnaeus ）

常见的非洲草原象是世界上最大的陆地动物，而几乎所有的陆地哺乳动物都长有毛发，可大象却属例外。

　　非洲草原象耳大且下部尖，不论雌雄都有象牙；鼻端有两个指状突起；前足 5 趾，后足 3 趾；雄性体重为 4 吨 ~6.3 吨，肩高 3~4 米；雌性体重为 2.4 吨 ~3.5 吨，肩高 2.4~3.4 米。

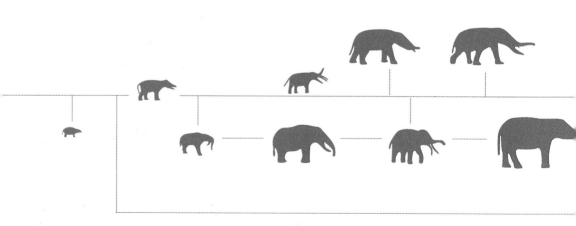

另一种是濒临灭绝的非洲森林象，个体较小，一般高不超过 2.5 米；耳圆；下颌骨长而窄；前足 5 趾，后足 4 趾；和亚洲象相同，象牙小而直；与非洲草原象相比，象牙质地更硬。非洲森林象较非洲草原象小，肤色更黑。

大地巨子

亚洲象是长鼻目象科亚洲象属的唯一成员。它们四肢粗壮，几乎垂直于地面，像 4 根柱子，前足 5 趾，后足 4 趾。亚洲象体型庞大，雌性肩高 2.24~2.54 米，体重 2.7 吨 ~4 吨；较大的雄性肩高可达 3.2 米，体重 5.4 吨。这么大的重量在穿过森林或草原时会留下巨大的脚印，深度有时可达 30 厘米，由于它们的脚掌具有厚厚的脂肪层，可以缓解体重的压力。而且有了这个肉垫，尽管它们体型庞大，但走起路来非常安静。

大象脚印直径是 35 厘米

人类脚印直径是 26 厘米

大象两只前脚掌的周长之和就是它的身高

非洲象　　　亚洲象

Loxodonta cyclotis
Loxodonta africana

Elephas maximus Linnaeus

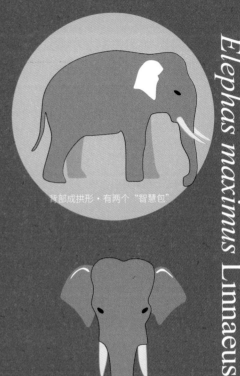

背部成鞍形·只有一个"智慧包"　　　背部成拱形·有两个"智慧包"

耳朵大·雌象雄象都有长长的象牙　　　耳朵小·雄象有长长的象牙

两个指状凸起　　　一个指状凸起

非洲草原象前脚 5 趾，后脚 3 趾　　　前脚 5 趾，后脚 4 趾

非洲森林象前脚 5 趾，后脚 4 趾

梁龙　　　成年雌象　　　　　　　　　　　　成年雄象　　　小象　　　08

5m

4m

3m

2m

1m

0

　　　亚成年象　猛犸象　　　　　　　　　　　　　幼象

亚洲象皮肤粗糙，通体为灰棕色，头部有两大块隆起，称为"智慧瘤"，其最高点位于头顶。头盖骨很厚，虽然骨骼内充满了气孔，可以减轻重量，但颈部的负担仍然很重。亚洲象具有现存所有陆生动物中最大的大脑，其重量可达 5000 克（人的大脑约 1440 克）。它有着高于其他物种的智商，有着独特的思维能力，还有维系象群关系的超群情商，更有堪比人类的记忆力，它们能精准记住大面积区域内食物和水源的位置。

S

亚洲象长鼻子灵活自如。灵活的长鼻子就像人类的手，可以进行很多活动，如进食、喝水、驱赶蚊虫和互相交流等。而鼻子尖端的突起就像手指，能够完成许多精细的活动，甚至可以捡起花生米大小的东西。科学家们观察到，大象通过收缩肌肉可将鼻孔扩大30%，从而使鼻子的容量增加了60%以上。大象能用万能的鼻子抓起大大小小的物体，吸入大量的水，还能嗅出数千米以外的水源。大象的长鼻子还可以切换至吸入模式用于进食，其吸力可大可小。大象吸气的速度比人类打喷嚏的速度还要快上近30倍。亚洲象的鼻子是动物中最长的，它实际上是鼻子和上唇的延长体，由4万多块肌肉组成，里面有丰富的神经，不仅对气味敏感，而且是取食、吸水的工具和自卫的有力武器。

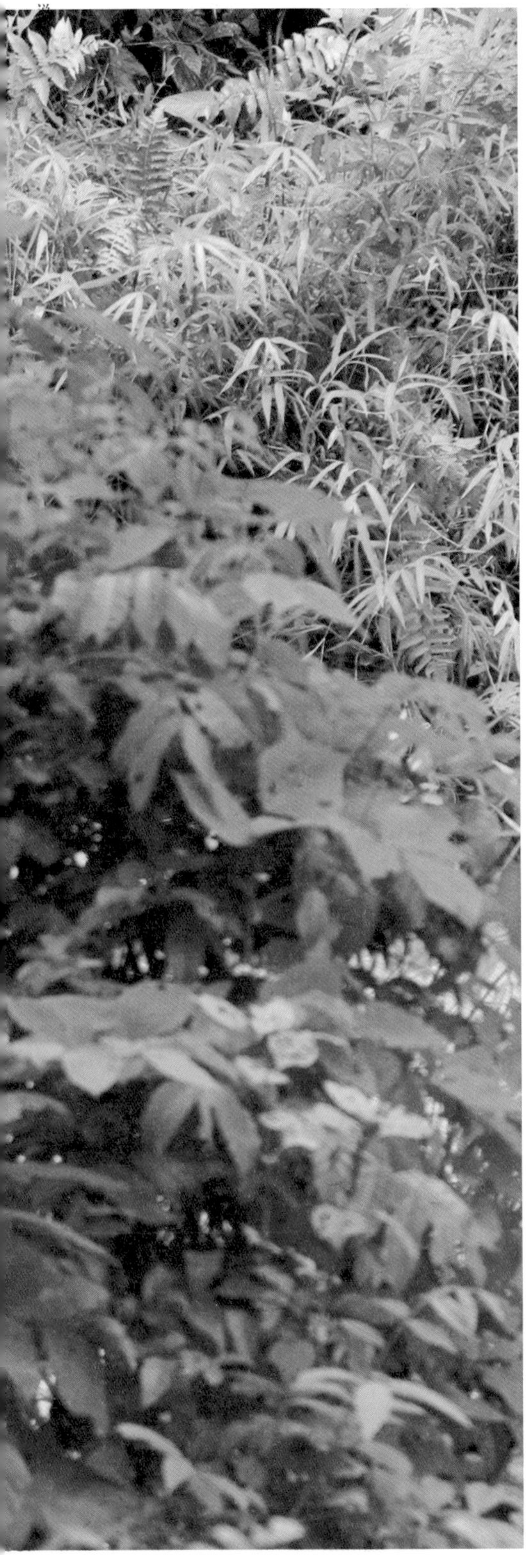

S

亚洲象硕大的耳朵布满血管，是全身皮肤最薄的几个部位之一。在炎热的天气里不停摇摆，就可以把多余的热量迅速散发出去，起到降温的目的，同时还能驱赶热带丛林中的蚊蝇和寄生虫。大象和大多数其他大型哺乳动物不一样，它们不会出汗。或许是因为它们水栖的祖先不必如此，因此它们必须在阴凉的地方寻找适宜的热梯度或是找到其他办法来弄湿它们的耳朵。尽管体积庞大，大象总是有规律地找到阴凉的地方，从不冒险远离水源。当够不着水源时，大象还能够用长鼻子吸水，然后喷到耳朵上。无论如何，大象耳朵优美的摆动，也是对一个在炎热天气中有着强烈的新陈代谢的5吨重的哺乳动物所面临问题的优雅的解决方式。

亚洲象的雄性长有长牙，而雌性大多无长牙，或者牙齿不露出口外。雄象嘴里这对终生不断生长，且永不脱换的长大门齿，称为象牙，长度为2米左右，单支重30~40千克；雌象的门齿较短，常不突出口外；象牙的作用很大，不仅是掘食的工具，还是搏斗时的武器。除了门齿，它们还有24颗臼齿，在不同的年龄分6次生长。它们的臼齿生长方式非常奇特，与我们人类长出的新牙从下面将旧牙顶出不同，亚洲象的新臼齿是从后部生出，逐渐将前部的老臼齿替换。当它们60岁左右时，最后一套臼齿也会脱落。

亚洲象皮肤虽然厚达 1~3 厘米，但身上的毛比较稀少，所以既畏寒，又怕热。亚洲象为了避开热带地区白天烈日的暴晒，常躲避于山谷间的林荫之处，觅食的时间也多在气温稍低的清晨和傍晚。

亚洲象没有固定的休息场所，它们都是站立不动或躺在地上休息。

雨林生活条件艰苦、危机四伏，亚洲象需要各式各样的生存技能。

技能 1 取食

亚洲象是一种迁移性觅食的动物，杂食性动物，食量巨大，正常时每天走 3~6 千米去觅食。成年的亚洲象每天消耗的食物湿重为 150~350 千克，每天摄取的干物质质量为体重的 1.5%~1.9%。它们的食物种类繁多，野外可以食用的食物 200 多种。一天有 10 多个小时用来采集食物。成年雌象和它们的幼象都是群体觅食，只有成年的雄象才单独觅食，象群在某一场所采食的时候会分散开来，幼象与成年雌象的距离总是很近，经常被夹在象群中间。象群中都有警卫象，警卫象由成年的雌象轮流担当。象群在采食时，警卫象一般都站在离象群不远的地方，当发现危险时它会发出吼叫声，其他的象就会向着声音发出的地方靠拢聚集在一起。在食物不丰富的地区，象群边行走边取食，此时象个体之间距离较近。行进的方向、路线，以及食物场所、饮水地点等都由领头的象来确定。

在行走取食过程中，领头象通过取食时站立的方向来传递信息，从而避免个体走散。象群在迁移时往往都排成长队前行，而且行走的速度很快。

　　小象到半岁后，就会试着吃植物的嫩叶、根和茎，还不时吃象妈妈的粪便。用长鼻子分辨食物是每头小象的必修课。雨林里，象妈妈会教小象将鼻子前端鼻突部位贴近有食物的区域，慢慢用鼻子吸气，识别空气中疑似食物的气味分子。仔细地辨识不仅是为了寻找食物，也能帮小象警惕某天可能发生的食物中毒。象妈妈很严厉，会时刻在小象身边示范并催促它用鼻子练习收割草本植物。遇到雨后春笋，母象会用鼻子掰断竹笋，用脚踩去笋衣，然后进食。聪明的小象有超强的学习能力，它们很快就能习得类似本领。

技能2 水浴

亚洲象生活的地区气候炎热，且亚洲象自身体型庞大，因此需要饮用大量的水。亚洲象饮水时先用鼻子吸水，然后把水放入嘴中，每次用鼻子吸水的平均时间是30秒。象群在河水中停留的最长时间是10小时，平均时间是3.13小时。由于人类活动的影响，野象白天在河中饮水都是持续几小时然后离去，在夜晚野象经常是饮水和采食交替进行，可以多次往返。亚洲象经常在河中洗澡，1周岁以下的幼象常在白天躺在水中，成年象则在夜里经常躺在河中洗澡。

饮水和水浴是亚洲象从小必须学会的能力。除了哺乳期的小象，野外活动的亚洲象平均每天饮水量约等于体重的3% ~ 5%，每当午后，母象会召集象群到河边一起喝水。这时，母象不允许小象立刻进入水域，而是先在河面取食干净的水流，然后才能在水中嬉戏玩耍。母象会在水里寻找矿物质，比如含盐分的土壤等，这时小象就在旁边认真观察和学习，这样它们长大后也就掌握了挖掘硝塘、寻找硝盐和矿物质的技能。

除了在水中寻找宝贝，小象还不停地模仿母象往背部喷水，经常在水中翻滚、泡澡，消除酷热，享受水流带来的清凉，在耳濡目染中学会了水浴。对于生活在热带雨林中的亚洲象来说，水浴不仅能降低体温，还有清洁皮肤、防止病变的作用。亚洲象的皮肤厚度达 1~3 厘米，是典型的厚皮动物，但这厚厚的皮肤主要是表皮下面的结缔组织层，表皮层其实很薄，无法抵御热带地区暴晒的阳光。此外，雨林里昆虫极多，蚊蝇滋扰也是个大麻烦，比如，大象被虻蚊叮咬就易发生皮肤病变，严重的感染可能致命。所以，水浴也是象妈妈要传授给小象的生存本领。

技能 3　沙浴

　　亚洲象经常用鼻子卷起地面上的沙土或用脚把沙土弄松，然后用鼻子卷起，高高地向其背上扬洒，或吹喷至其腹部及胯下，作沐浴样，人们把这种行为称之为沙浴。由于亚洲象皮肤粗糙，浑身上下布满了裂纹，其中有许多寄生虫，通过沙浴将沙土和泥水喷进裂纹，在太阳的炙烤下，晒干脱落的沙泥混合物可以将裂缝内的寄生虫带出。这是动物界很常见的一种清理方式，很多家畜及鸟类都有这样的习惯，目的是清除身体上的寄生虫。在长期与自然环境相互适应的过程中，亚洲象传承了这种既简单又实用的技能。亚洲象时常三三两两地聚集在河谷的沙滩上，用娴熟的扬尘动作很飘逸地把沙土撒在自己背部、腹部及身体两侧进行沙浴。童年的小象对这样的动作乐此不疲，总能跟着母象有模有样地学起来，它把鼻子的前端慢慢弯曲，就像人类用手捧沙一样，先用前足将沙土往

鼻弯里推，再用鼻子将沙土紧紧握住，用力往头顶、背部、身体两侧及腹部甩出，沙土形成一道完整的抛物线后重重地落在身上。只要有机会，小象就不厌其烦地练习，刚开始还笨手笨脚，到后来就成了沙浴大师了，这也是小象不断进阶的生存见证。除了水浴、沙浴，亚洲象也会草浴（用鼻子把青草卷起来向背部撒下）、泥浴、雨水浴，甚至还敢于尝试"石棉瓦浴"等。对小象而言，五花八门的浴既惊险又刺激。

大象家族

　　大象是地球上最聪明的动物之一，有高度进化的大脑皮层。人类拥有的高智商行为大象也有，如同情、悲伤、模仿、使用工具等。大象和人类一样，也有自我意识。亚洲象是典型的群居动物，具有复杂的社会结构，与非洲象的社会结构相似。

　　"家庭"是亚洲象最基本的社会单元，由一头成年的雌象和它的子女组成，包括所有的雌性后代和未达到性成熟的雄性后代。雌象要照顾子代10~15年，直到子代的雌象成年，雄象性成熟离开家庭。家庭成员联系得非常紧密，它们有70%~90%的时间生活在一起。由于生存环境、气候变化、食物资源的分布等条件影响，不同地区的象的社会结构可能有所不同。亚洲象是以家庭为单位的小的社会结构，各家庭之间的社会联系并不是非常亲密，来自不同家庭的成员之间几乎没有交流。

象的社会结构可以分为 4 个集群层次

家庭
family group

家族
kinship group

氏族
clan

亚种群
subpopulation

所以象群是由具有血缘关系的雌象组成，通常一个象群由等级最高的雌性首领，每天的活动时间、觅食地点、行动路线、栖息场所都由首领指挥。象群分工明显，有严格的组织形式和分工合作。其他成年雌性和它们的幼象按年龄大小、体质强弱排列秩序，不幸受伤的个体常被伙伴夹在中间，一起前进。如果首领死亡，群体就会在很短的时间里再选出一个新的领头者，继续统一指挥群体的行动。为了避免近亲繁殖，雄性大象会在成年之后远离象群，单独或结成松散的小群体，被称为"单身汉群"。独象性情异常凶猛。它们要去开拓自己的领地。

亚洲象有较长的寿命，

寿命可达 60~70 岁，
有的能活到 100 多岁。
亚洲象 11~15 岁性成熟，
18~24 岁为成熟个体。

成长的阶段主要分为：

乳象（2 岁内，完全依赖母乳）

幼象（2 岁~4 岁，半依赖母乳）

少年象（4 岁~7 岁性成熟前）

青年象（7 岁~15 岁之间，从性成熟到社会性成熟离群）

人们常说的小象是指幼象和少年象这两个阶段，是性情最贪玩的时期。

大象家族诞生一个新成员不容易，雌象怀孕期大约为20~22个月，是哺乳动物中孕育最长的。小象出生时体重约80~120千克，鼻子不算太长，没有长牙，全身没有毛，出生几分钟后，小象在母象的帮助下就能站立，几个小时后能行走。可是却要用上半年时间才会使用自己的鼻子。小象要一直母乳喂养3~4年，直到另一只小象出生。小象未离群之前，母象也会一直照顾小象，虽然小象在雨林的征途会很累，但它的童年会被母象宠爱有加，哪怕受热受凉，母亲也会第一时间送上温暖，一旦幼象发出呼救信号，母象就以迅雷不及掩耳之势向周围的危险源发动攻击，张大耳朵，用前足踢地，发出警告，显示它的巨大威力和保护孩子的决心，这也是"象妈不好惹"的重要原因。

象　道

　　亚洲象常年都在行走，大象在寻找食物和季节迁移时，它们都能在丛林中开辟新的"象道"，偶尔也会借用人类开辟的道路。大型的象道往往连接大象的食物、水源、矿物质等重要资源，它们可以帮助象群在复杂的外界环境中方便快速地找到所需资源，从而提高它们对环境的适应性和在物种竞争中的竞争力。因此，森林中纵横交错的象道网络系统对大象种群的日常生活、季节迁移发挥着至关重要的作用，人为干扰对象道的破坏会减少象群的食物资源，降低它们的取食效率，阻碍它们的正常迁移，缩小它们的活动面积，从而直接威胁当地大象种群的生存。

亚洲象由于其体型和食量巨大，对周围环境改造能力强，被认为是最突出的生态系统工程师之一，是热带雨林的旗舰物种，对于它所处的环境起到了很重要的作用。它们的活动促进了植物之间更快地演替；它们在密林中踏出的象道，让很多动物有路可走，促进了动物的有效扩散；它们的粪便残渣不仅是一些昆虫的食物，也吸引了食虫鸟类的光顾；大象不停地迁移，使得植物种子得以传播。

因此，保护大象，不仅保护了这一物种，同时也保护了它们生活的整个生态环境和同一区域内的其他植物。

大象退却

6000 年前，当人类的文明出现时，亚洲象拥有比现在大得多的分布范围和种群数量。从西亚的两河流域（幼发拉底河和底格里斯河）到伊朗、南亚次大陆、斯里兰卡、东南亚以及中国的长江和黄河流域等广阔的地区都有它们的分布。中国为其最东端分布区。如今，亚洲象仅仅在孟加拉国、不丹、柬埔寨、中国、印度、马来西亚、印度尼西亚、老挝、越南、缅甸、泰国、斯里兰卡及尼泊尔13个国家有零星分布。

历史上，中国绝大多数地方都曾有亚洲象的分布，那时，我国北方地区的气候还很温暖湿润，非常适合亚洲象的生存。随着时间推移，北方气候逐渐变得寒冷干燥，而亚洲象是喜欢温暖环境的动物，因此它们不断向南方退缩。而在这几千年中，随着人类活动区域不断扩大，耕地面积及人口的不断增长，人与野生动物的活动区域重叠更多，可能产生的冲突也日益增加，亚洲象的生存空间不断被人类侵占，这也加速了它们消失的进程。

中国的哪些省份曾存在过大象？

　　据史料记载，三四千年前，大象在中国的分布极为广泛，它们不仅出现在以河南为主的黄河流域、在长江上游的四川盆地、长江中下游的广大区域及淮河流域也有分布。到了12—13世纪，亚洲象逐渐在闽南绝迹，17世纪，在岭南和广西绝迹。此后，亚洲象仅分布于云南，主要分布在西双版纳、普洱市和临沧市滚河流域。

象是人类认知较早的动物，但从科学地为它命名开始，也就是 300 年左右，大象的平均寿命是六七十岁，算起来也就是几个世代，并且也就是近几十年才有比较多的研究。

人类很多时候只是对动物的外貌、体征、分布区域有所了解。所以，当大象突然离开栖息地，走得远了些，人类才会觉得茫然无措，因为根本没有研究过这个问题。象群的首领母象带着家族南回，它们的祖先就是受到气候和人类文明发展的压力，沿着相反的方向，从中国的华北一带，去到了西双版纳的深山老林里。

野生亚洲象这一物种的迁移史早已给出了答案，回归南方是它无力逆转的选择。

大象家园

栖息地是野生动物赖以生存的环境，研究并保护亚洲象栖息地是缓解人象冲突的根本。亚洲象生活的地区人口数量庞大，人类的农业活动侵占了大量原本属于亚洲象的栖息地。有些原本彼此相连接的栖息地出现隔绝，种群与种群之间正常的交流被迫切断，基因交流停止，加剧了种群衰退与近亲繁殖的现象。而且，短缺的食物使得大象不得不经常出没于人类的农田，食用营养更为丰富的农作物，人类与大象的接触变得频繁，人象冲突也愈演愈烈。无论对于人类还是大象，彼此的生命都受到了威胁。目前，亚洲象在我国保护等级最高，盗猎现象非常罕见。对于栖息地的破碎化，通过栖息地适宜性分析显示，

亚洲象分布区域内还有很多适宜栖息地，只要在彼此之间建立合理的廊道，将一个个"孤岛"进行联通，就能解决种群隔离的问题。亚洲象的宜居地应该是密林、疏林和水域三个生态系统组成的复合体。稠密的森林可让亚洲象在里面躲避，保证安全；稀疏森林方便亚洲象在里面觅食；溪流、河流等水域则可以让亚洲象在里面喝水、嬉闹、沐浴、补充盐分。

未来，随着生态环境趋好，亚洲象种群将不可避免地继续增长，它们需要更大更适宜的"家"。整合优化现有栖息地范围，建立亚洲象国家公园不仅让自然栖息地得以扩大和改善，减少大象进入到人类生产生活区域觅食和活动，也缓解了人象冲突；而且，还能够通过系统规划布局，实现生态系统的完整性、原真性的保护。

大象的秘密

大象的智慧

　　成年大象的智力相当于一个四五岁的人类小孩，记忆力很强，甚至记得二三十年前的事情，多年后还能准确找到曾经发现的水源和储藏食物的地点。大象具有复仇记忆，大象长期以来都被认为是感性动物，它们看到其他同类有麻烦时，自己也会郁郁不振，这时它们会想尽办法来解救同类。在人类看来，大象是一种十分具有同情心的动物，但是，在动物中罕见的复仇记忆，使得它们一旦感觉到被伤害，就会导致严重的人象冲突。

适者生存

热带雨林是物种多样性的聚集地，是动植物生存的乐园，但也是最彰显物竞天择、适者生存的严酷战场，高大威武的亚洲象也不得不尽力适应这里的生存法则。在面对敌人、疾病、危险以及自然灾害时，亚洲象更注重团结。象群必要时会以大局为重，牺牲小我。

沟通的方式

大象的通信方式多种多样。它们可以发出几种不同的叫声，每种叫声都有不同的含义，彼此进行交流。除了人耳可以听到的声音外，它们还可以发出一种低频的次声波，人类无法察觉。而这种次声波则可以通过地面，传播到几千米甚至十几千米外。大象可以通过喉部产生次声波，也可以通过脚踏地面产生次声波。遇到气流时，传播介质不均匀，为了必要的交流，象群会一起跺脚，产生强大的"轰轰"声，这种方式最远可传播 32 千米。

爱吃的食物

　　亚洲象一般爱吃"扫把草"、竹子、树叶、树皮、树枝、象草、野芭蕉和叶芦。与在茂密森林中觅食相比，大象更喜欢出来吃庄稼，比如它们爱吃玉米、甘蔗、稻谷和番木瓜，亚洲象能吃的植物有200多种，其中包括很多农作物。

睡觉的姿势

亚洲象怎么睡觉？小象是躺着睡的，成年象一般都是站着睡觉，但偶尔也会躺着小憩一会，一般躺着睡的时间不长，也就是十多分钟，因为躺着睡，庞大的身躯会压迫心脏，呼吸会比较困难。随着小象慢慢长大，躺着睡的时间会慢慢变少，站立睡觉的时间会逐渐增多。即便是躺着睡觉，象群也会把小象护卫得严严实实，小象即便醒来，自己都无法走出。

灵敏的嗅觉

大象的嗅觉也很灵敏。大象的鼻子感知气味的细胞非常丰富，嗅觉能力甚至超过犬类。因此，它在进食的时候也大多依靠嗅觉，而非视觉。亚洲象也依靠触觉进行沟通。它们经常用鼻子彼此触碰，或将身

体靠在一起，传递彼此的感情。但它们的视力不好，因此视觉通信是这几种方式中最弱的一种。

喜欢的颜色

大象对颜色有一定偏好，大象反感白色、黄色、红色，喜爱绿色和灰色，对其他颜色则不敏感。

自我治愈

虽然动物界没有药店，但大象们展示了不可思议的智慧，能在自然环境里寻找疾病的治疗方法和药物。这其中有一个专门的术语——动物生药学，指的是动物对医药的知识，那么大象在这个领域至少是"博士"级别。它们常常吃土来中和它们所食植物里的毒素，还会利用紫草树来促进分娩。

亚洲象迁移，是一次正常的迁移，是一场国内较为少见的野象远距离迁移活动，也是一场较为少见的人象和谐相处活动，更是一次人与野生动物的友好对话，是中国探索解决"人兽冲突"的新范本。

象在云南

闯入人类的世界，是大象生存的需要，而守护象群，是对生命的尊重，建立适合它们的生存空间则是人类对自然的敬畏。

中国是世界上生物多样性最丰富的国家之一，拥有森林、灌丛、草甸、草原、荒漠、湿地等陆地生态系统类型以及黄海、东海、南海等海洋生态系统。而云南现有生态系统囊括了地球上除海洋和沙漠外的所有类型。

陆地之王亚洲象的家乡，中国云南，自距今大约 250 万年前的第三纪以来，就成为"生物避难所"和"生物进化的中心"之一。是中国 17 个生物多样性关键地区和全球 34 个物种最丰富的热点地区之一，也是中国重要的生物多样性宝库和西南生态安全屏障。

云南地处中国西南边陲，与缅甸、老挝、越南接壤，国境线长 4061 千米。国土面积

39.4 万平方千米，云南国土面积仅占全国的 4.1%。其山地高原约占 94%，河谷盆地仅占 6%。地势由西北向东南倾斜呈阶梯状逐步下降，最高点为梅里雪山主峰卡瓦格博峰，海拔 6740 米；最低点为红河与南溪河交汇处，海拔 76.4 米。南北距离短短 960 千米，海拔高差达 6663.6 米。

以元江为界，分东西两部分：元江以西横断山脉。高山大河平行排列，自西向东高黎贡山、怒江、怒山、澜沧江、云岭、金沙江、玉龙雪山。山川并列、江河并流，高山峡谷。元江以东为云贵高原，平均海拔 2000 米。

云南境内大小河流 600 余条，汇聚成大江大河，独龙江、怒江、澜沧江、金沙江、元江、南盘江六大江河奔流而下。层层叠叠大小瀑布 500 多个。高原淡水湖泊星罗棋布，面积大于 1 平方千米的 37 个。

南北间距不过 960 千米的土地上，云南还有着北热带、南亚热带、中亚热带、北亚热带、南温带、中温带和高原气候区 7 个气候类型。

特殊的地理位置，复杂的地形地貌，独特多样的气候环境，孕育了云南丰富的生物多样性。成为了"植物王国""动物王国""物种基因库"。

云南物种是极其的丰富

占了中国物种数 50%、全球的 15%

有的物种甚至占到了全球的 20%

中国西南野生生物种质资源库是亚洲最大的野生生物种质资源库，种质资源库居全球第二

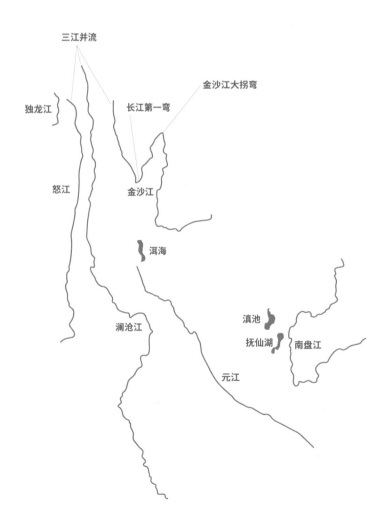

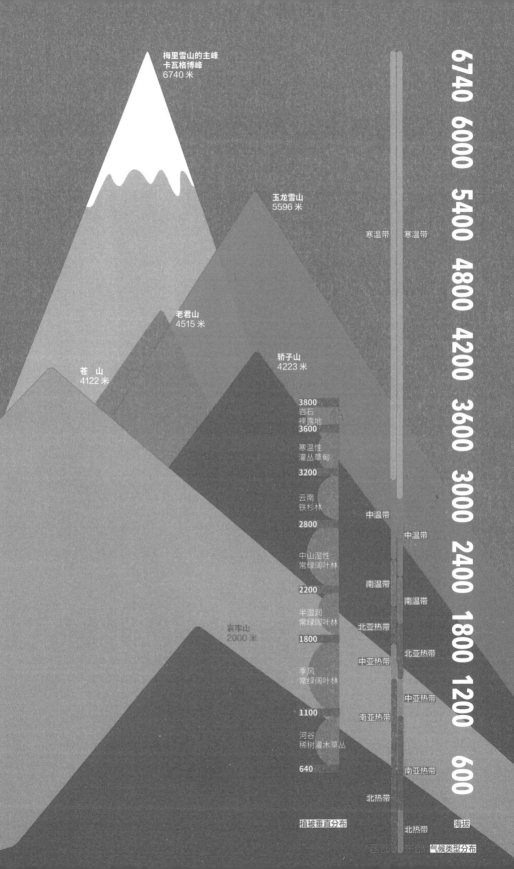

梅里雪山的主峰
卡瓦格博峰
6740 米

玉龙雪山
5596 米

老君山
4515 米

轿子山
4223 米

苍 山
4122 米

袁牢山
2000 米

6740
6000
5400
4800
4200
3600
3000
2400
1800
1200
600

寒温带　　寒温带

3800
岩石
裸露地
3600

寒温性
灌丛草甸
3200

云南
铁杉林
2800
　　　　　　中温带　　中温带

中山湿性
常绿阔叶林
2200
　　　　　　南温带　　南温带

半湿润
常绿阔叶林
1800
　　　　　　北亚热带　　北亚热带

季风
常绿阔叶林
1100
　　　　　　中亚热带　　中亚热带
　　　　　　　　　　　南亚热带

河谷
稀树灌木草丛
640
　　　　　　　　　　　南亚热带

北热带

植被垂直分布　　　　　　　　北热带　　海拔

气候类型分布

云南有汉、彝、哈尼、白、傣、纳西、傈僳、藏、怒、独龙、普米等 26 个民族，其中 15 个少数民族在我国仅分布于云南，民族文化多样性极为丰富。千百年来，各少数民族的居住、饮食、医药、文化、风俗与当地的生物多样性息息相关，在长期的生产生活实践中，积累了大量生物资源保护利用的传统知识与技术，丰富了云南民族文化的多样性。例如，仅药用植物资源利用方面，有文字记录的药材达 1300 多种，通过评审的民族药 400 余种，民间验方 1 万余种。

在漫长的历史发展中，丰富文化多样性和生物多样性水乳交融，形成一个多样的云南。

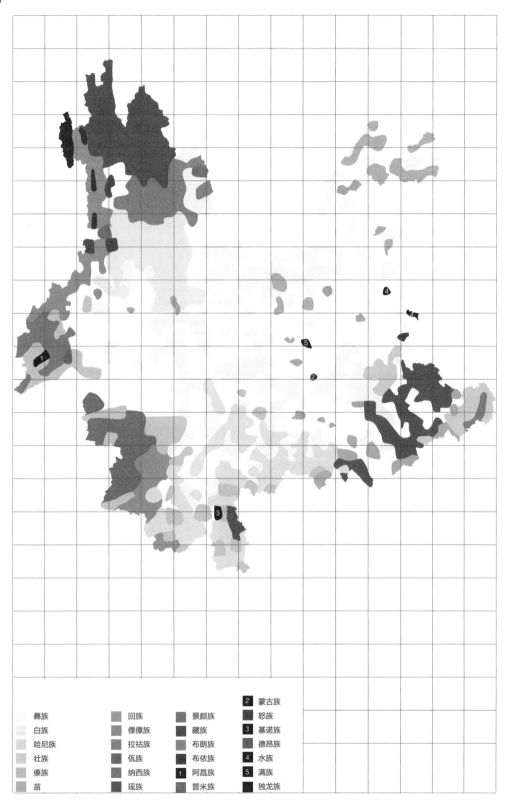

彝族　　　　　　回族　　　　　　景颇族　　　 2 蒙古族

白族　　　　　　傈僳族　　　　　藏族　　　　　　怒族

哈尼族　　　　　拉祜族　　　　　布朗族　　　 3 基诺族

壮族　　　　　　佤族　　　　　　布依族　　　　　德昂族

傣族　　　　　　纳西族　　　 1 阿昌族　　　 4 水族

苗　　　　　　　瑶族　　　　　　普米族　　　 5 满族

独龙族

观

象

随心所"象"

人类为了得到文明和文化的超然成就，就不得不有自由意志，更不得不切断自己和其他野生动物的联系。这就是人所失掉的乐园，也是人为文明不得不付出的代价。我们对于世外桃源的向往，不外是我们对这条断了的线头，表示一种半知觉式的依恋。

（奥地利）康拉德·洛伦茨 《所罗门王的指环》

一位汉学家的思想迷局

　　我不知道亚洲象如何走进了一位英国历史学家的视野，也不知道伊懋可对古老中国的叙事冲动源自何方。《大象的退却》讲述了中华大地上人与自然共同演绎的环境故事，有岁月的依据，有细节的支撑，在历史变迁与文学考据间游刃有余的穿梭，让我们获得一种地理与时间的纵深感。

　　"阴阳相照相盖相治，四时相代相生相杀。安危相易，祸福相生，缓急相摩，聚散以成。"（《庄子·杂篇·则阳》）人与自然环境的关系亦是如此，人类社会的发展，隐性地安置在广阔的生态网络之中，相互之间形成牵一发而动全身的复杂关系网。伊懋可通过一个动物种群（亚洲象）的迁移管窥中国环境史，让人们意识到，大象跨越数千年、从东北撤向西南的退却之路，对应了森林和植被的变迁，正是"中国人定居的扩散与强化的反映"，与华夏民族定居范围扩大和农业生产集约化几乎同步。

华夏大地曾经是珍禽异兽的乐园。历史上，中国是亚洲象的重要分布地，中原地区也曾经遍布这种闲庭信步的长鼻精灵。根据相关考古发掘和历史文献记载，亚洲象在中国大陆地区分布的最北界限，甚至一直延伸到河北省北部。但是受气候不断转冷以及人类开发活动的影响，亚洲野象在我国的分布界限不断南移。

伊懋可以大象一个动物种群的扩散轨迹，就收拢起广袤中国沧海桑田般的造化史。中国四千年来的经济、社会、政治、文化，与气候、矿藏、土壤、河流、水利之间既互利共生又竞争冲突的关系，由大象渐渐远去的背影徐徐串起，好似草蛇灰线，伏脉千里。中国环境史也就此走下了高峻的台阶，变成了纵横有致、随心所"象"的万千风景。

青瓦粉墙隐现在阡陌桑梓间，田畴垄亩里承载了古老凝固的文明，以及轮回的世代繁衍。诗人在曲径幽深的花园里觥筹交错、含英咀华，雅趣也能足至十分；之后回到陈设古雅、采光深沉的书房里醉卧安眠。真实的自然、呼啸的荒野对他们而言，实际上是无从想象的世界。伊懋可认为，中国人认识环境是一回事，改变环境是另一回事——文人墨客只是悠然自得地站在"亭台楼阁之上欣赏自然"，物我两忘，天人合一，心里便是一片性灵的山野，关于虎狼、雀鸟、花草树木的诗词歌赋也难以胜数；然而，他们的思考与创作，其实并不具有广阔的自然愿景与鲜活的生命力，也不能整合到一代代中国人的精神生活之中。

中国植物分类学的奠基人胡先骕也曾表达过类似的感受，他觉得中国诗人欣赏的自然，是精致的人工美，且"闲适有余，然稍欠崇拜自然之热诚。如英诗人威至威斯之'最微末之花皆能动泪'之精神，在陶韦诸贤人集中未尝一见也……皆静胜有余，玄鹜不足。且时为人事所牵率，未能摆落一切，冥心孤往也。"

《人象的退却》最后一章，实际上已经离开了大象流徙千里的历史图景，转而考察中国历史上的生态观念、士大夫情感、知识和权力以及"天人感应"思想，试图探讨中国文化的内在逻辑。作者仿佛是另有所思，只是借由一条神秘的"象道"，开启了奔赴东方的漫长行旅。

当所有的优雅与热情，都仅仅释放到文字的快感里，包括中国文化里一些好的人格、人伦、社会理想、精神资源，都已被漫不经心地无视。

154

观象
S

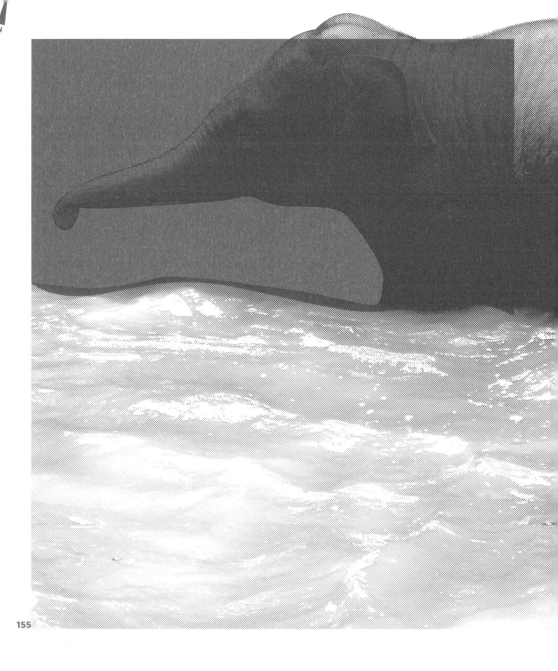

一点可算是自然哲学的东西，也并没有得到系统的发挥。于是也就看不到革命性增长的发展轨迹，以及由此演变催生的现代之花。

疏篱茅舍之外，绿水长桥，环绕四周，桑麻绵亘，渔樵唱答，这样的美缺乏力量，使得风雅中栽下了迷醉溃烂的种子。一场中华大地上时空浩大的人象之争，在中国诗人微醺的注视里，早就实现了和解。伊懋可其实是想发问：在这片土地上，学问和情怀为什么不能形成时代风尚？社会精英把领悟自然的智慧用于何处？天人合一为什么不能深化为精神动力？

显然，伊懋可和他们那一代汉学家一样，在其斑驳陆离的思想光谱里，有着某种共同的暗影。大象南撤、森林破坏、战争、水利系统影响环境的背后，是后殖民语境下"东方主义"，诸如冲击和回应、东林士子、公安竟陵、利玛窦带来的天主像、几何学和自鸣钟……西班牙"无敌舰队""地理大发现"后的白银时代、达·芬奇、马基雅弗里、《波斯人信札》、耶稣会士的东方书简……在中西交通以前，中国社会只能拥有一部发展十分缓慢、几乎是原地踏步自我循环的历史。如伊懋可本人在书中说："历史资料是一面镜子，它们不仅仅能照出我们自己的脸庞，还能照出我们的偏见，甚至照出我们自身的反面。"

伊懋可的研究对中国古代诗词、经史子集文献的运用，也受到了部分学者关于其真实性的质疑，其实公允地讲，《大象的退却》作为中国环境史研究综合性论著中的佳作，应是实至名归。但多少还是偏离了环境史的论述，欧洲的迷思撞上东方的幻象，双双落入"中国环境"与西方想象的巢窠，也让伊懋可绘制出的整个中国古代环境变迁的走向图，多少变得有些令人疑窦横生。

"技术锁定"与"环境内卷"

伊懋可沿用了一种学界常见的观测角度,为使自己的论述更为清晰、充分。比如克罗斯比的《生态扩张主义》也是如此,用风、杂草、牛马、蜜蜂甚至病原菌作为主角,为我们打开了一个观察历史的新窗口,即从生物地理学的角度去认识欧洲人在过去一千年的扩张;类似的研究理念近年来依然被史学界继承并发扬。

从环境入手,对历史上各区域文明盛衰和环境演变的复合图景探幽发微,倒也见微知著。在这样一种思想建构里,自然与社会是交错缠绕的,人类与动物是平等的"行动者",动物的行为举止不再仅是人类历史影响下的产物,相反,它也是塑造人类历史的重要因素。如伊懋可在《大象的退却》中所说:"环境史不是关于人类个人,而是关于社会和物种，包括我们自己和其他的物种，从他们与周遭世界之关系来看的生和死的故事。"

自然环境下的大象，会在面积巨大的区域里漫游。在中华漫长的数千年历史上，大象一再退却的历史表象反映出人象之间的冲突。人类导致亚洲象一路南撤，倒不一定是用猎杀或者驱赶的手段。人类的各种开发和建设活动可能导致大范围自然环境的内在改变，一旦这种改变确实发生，就会对野象的生存条件及分布范围造成无法逆转的根本性影响；比如人们会为了扩大定居、农业以及其他木材需求，就会不断毁掉森林，加上政治、军事、市场等因素促使自然环境退化的情形不断加剧。应当说，亚洲象在人为选择下所遭受的威胁，远远超越在自然选择、气候变化所产生的结果。

古代的亚洲象比起现在，更加没有固定的领地，它们四处漫游，吃一阵换一个地方，每天大部分时间都花在找食和进食上面，所需空间确实巨大。而中国人同样有着对于土地的无尽欲望，他们依靠改造环境重塑了中国，并没有给"自然"留下多少空地。他们将危害人畜的动物杀害赶走，将沿海滩涂改造为富饶的农业区，将山川河流改造为可以利用的水利资源，这样的农业扩张没有导致农业的科技进步，反而出现了农业经济的"技术锁定"，从而在土地无法进一步增加之时，使农业劳动密度必须不断加大以增加产量供应人口，增加的人口则再次投入农业生产，与黄宗智的"内卷化"概念有异曲同工之妙。

虽然有时技术革新可以缓解人类和自然之间的矛盾，如水利工程、肥料循环等，但由于技术闭锁和回报递减等原因，最终社会发展还是

观
象
S

面临着三千年的不可持续。

在这其中，封建王朝中的精英分子们，他们那种审美和哲学式的对待自然的态度显然于事无补，而写在全书最前面的"直木先伐，甘井先竭"（《庄子·山木》）像一句轮回的咒语，是作者对中国从古至今环境变迁研究后做出的略显绝望的结论。

荒野上的"环境史"

大象所处的是复杂多样的野生环境，这个特征的确更有助于揭示人类社会与自然界的互动与关联。

"很多历史事件，至今还都只从人类活动的角度去认识，而事实上，它们都是人类和土地之间相互作用的结果。"（利奥波德）正如伊懋可所言，中国环境变迁不应只在自然科学因素，《大象的退却》所反映的环境变迁历史机制，其实非常复杂，"经济形态、社会构造、政治制度、文化观念、技术条件以及其他各种因素彼此交织"。通过不同地理条件、不同历史分期人与动物的多元互动，来观察和分析历史，能让我们在迟滞的时光之河中，看到缓慢变化的力量，一点点冲刷着古老帝国的沧桑容貌。

环境一词典出《元史·余阙传》："乃集有司与诸将，议屯田战守计，环境筑堡砦，选精甲外扞，而耕稼于中。"原本的含义是"环绕居住地"。环境史有时被称为"荒野中兴起的史学"。人与环境之间的互动是双向的、多层次的，彼此都在不断的变化中反馈、调适。历史学家的任务，正是"重建过去和现在的、作为全部自然史一部分的人类史"。

当我们今天回顾科技变革所带来的无法预知的后果时，实际上触及了一段难以言说的历史。人类在丛林与荒野中生活了上百万年，而农业时代才一万多年，工业时代更是只有三百多年。地球生态环境也一直朝着无法测定的方向变化，应该也会永远地变化下去，没有什么终极的稳定状态可言。

伊懋可给了我们宝贵的启示：环境史就应建立在丰富多元的学术传统之上。环境史要研究人类活动与自然环境的相互作用，要研究历史演进以及被人类改变了的自然环境对人类社会的影响，这是一种时空浩大的探索工程，不仅仅是研究人类对自然的破坏性影响，然后对人类文明大唱挽歌就可以完成的。

世界上任何一个地区的历史，无不生成演化在人与生态环境此消彼长的纠缠之中。所以环境史研究还需有生态意识，既要把人类社会和自然诸要素视为有机整体，探究其内在的结构与功能、相互作用机理和复杂联系，还要深入到文明发展和环境变迁的过程之中，进而形成客观全面的历史认知。

从 20 世纪 80 年代末期开始，人们越来越发现，"自然似乎更无理性，更不稳定，更不和谐了"，以前关于自然系统演替的稳定理论过时了。有时相互矛盾的数据在不同模型、理论的定义下，居然能得出完全一致的结论。尽管技术的发展确实一日千里，蒸汽机代替人力用了上千年，从石油的使用到核能的出现只有不到一百年，上网在 30 年前还是一很稀奇的事情，然而，被技术武装到牙齿的人类，却几乎丧失了了解自然的信心。

而环境史学融汇了现代生态学、地质学、气候学、古生物学、古人类学、考古学等学科，它在一个更广阔也更具启示意味的空间中，去考量人与自然的关系，去思考自然的演化和历史的进程。我们在其中思考，该如何理解个体、内在价值和道德地位，最能合理解释自然的模式应该是什么样，等等，这对每个人而言，都是有益处的。

当大象折返南归

和雨怒风，春露秋霜，大自然毫不在意人类的争辩与冲突，在匆匆变幻的岁月里，天意与人情也并非永远各行其道。无论怎样，环境史的思想进路，算得上是一种值得赞许的学术思想，一种值得持续的活力与激情。

尤其那跨越疆界的思考与启示，都是人类生

命潜能自我实现的过程。这个过程，也是个人善之本质激发和扩展的过程。

从现在的情况看，人类怀着一点负罪的心态，已经在努力尝试修补与野象的关系，多少也突破了一些人类中心主义的框架。这是对利己主义和利他主义之对立的超越，也是对自我与自然之对立的超越。

大象北行引发浪潮般的爱心与关怀，也让我们确信，中国环境史等同于"中国环境的破坏史"，中国农民与大象无法共处，中国人等同于"环境的破坏者"，中国文化中对环境保护的感知与实际行动会永远割裂——显然，这些同样不是事实。

不同历史时期、不同文明背景下的人类，选择了不同的与周边环境相互作用的方式，我们还是应该尽量避免激进的环境复古主义立场，避免令人消沉沮丧的环境原罪论，以及东方主义的偏仄视角，我相信未来人们会看到了一个耳目一新的中国环境史，它将是动态的、变易的，而非一成不变的；同时不必执拗地认为人类自诞生以来，或是在某种文化传统之下，只能一直对环境施加恶的影响。

我们至今仍还没真正弄清楚从无机到有机决定人类今天的关键一环。人不可能冲破围困自己的环境樊篱以及漫长的地质时间去认识世界，从而掌握终极真理，任何人都超不出他所在的自然环境，就像他超不出自己的皮肤。

在这个意义上，去思考伊懋可的学术贡献与思想迷局，我们不能全然地以自然的变化为镜鉴，来检视全部人类生产方式与文化创造的利弊得失。大象无形，大音稀声，华夏民族云遮雾绕的沧桑变迁渐渐清晰，自然世界显露更深一层的脉络与真意。

所有的漂浮性下面隐藏着坚固的根基，所有的随机和偶然里都蕴含着必然。依照《大象的退却》的逻辑思想和价值判断推导出来的，那种线性恶化的环境衰退论的陷阱，并非完全不能避免。伊懋可所反复论证的，某种既无法持续，也不能自我突破的苦闷境地，也不一定必成现实。

当大象折返南归，就在它们转过身去的一瞬间，我在它们橐橐的脚步声中，听出了一种令人迷惑的旋律，也许每一个音符所表达的意思都能听懂，然而连缀起来，就会成为大地上最难读懂、最令人心生敬畏的生命之歌。

大象走过漫漫长路

人有生有死，

城市有起有落，

文明有兴有哀，

唯有大地永存。

（美）爱德华·艾比《大漠孤行》

神秘的迁徙①

迁徙，昭示着自然环境某种神秘的秩序与法则。大地上的生命，无不身处其中，或受其潜在影响，实现着一种令人震撼的转换与平衡。

塞伦盖蒂大草原上的角马群体，不畏长途跋涉，渡过湍急的鳄鱼河，像一股势不可挡的黑色洪流，涌动在茫茫非洲大草原上，沿着古老的迁徙路线，奔向温暖的低纬度地区和水草茂盛的草场。

壮阔的鲑鱼群溯流而上，跃过险滩，一往无前，九死不悔。

每逢秋天，数不清的鸣禽、滨鸟和昆虫，正鼓翼飞向南方越冬地。来自西伯利亚和美洲的大约 400 多万只水鸟，聚集在欧洲北部海岸，随后以雄壮的队形飞往大西洋南岸，险恶的环境、天敌的追杀、伤病的折磨，统统视若等闲。

① 生物学上的"迁徙"指一年中随着季节的变化，生物周期性地在特定时间定期的沿相对稳定的路线，进行的集群性长距离移动行为。此次云南亚洲象的迁移是罕见的突发事件，故专家建议称之为"迁移"。

北极燕鸥从加拿大北部的繁殖地迁往南极洲近海，然后再返回繁殖地。在肯尼亚大峡谷马革迪湖上的火烈鸟，不辞辛劳，飞越万重山关，寻找河岸上的藻类美食，那是它们繁衍后代的重要营养。

千年万年，山水漫漫，但动物迁徙的印迹却连绵不绝。迁徙是生活也是生存，是发展也是竞争；它们以不同的方式完成着各自的壮举，让我们思考它们对生命的渴望和对自然的敬意。

动物的迁徙习性，甚至影响了人类，如生活在喀拉哈里沙漠的布须曼人，会尾随着他们赖以为生的动物进行迁徙活动。

再回想一百多年前，业已灭绝的候鸽，曾以百万、千万级别的阵容往返迁徙。在一次次规模浩大的生命旅行中，它们可以使所经之处的城市，其白昼在数小时（甚至好几天）内一直暗淡无光。

阴沉的天空，轰鸣的鸟群遮天蔽日，仿佛久远世代的自然异象，令人神往。

除了哺乳动物的迁徙，除了那些引人注目的动物种群，还有更多体型更小、更不引人注目的野生动物，都在努力找寻着自己的生存空间和梦里家园。它们完成了一次次生命的迁移，使山川、河流、草原生气勃勃、生生不息。

"树挪死，象挪生"

引起动物扩散的原因很多：包括食物资源出现短缺，在社群和领域中处于劣势的个体被驱逐，幼仔长大被亲代驱逐，躲避天敌，追寻配偶，自然环境与气候条件的反常变化（如生境灾变或环境污染等），分分合合，有进有退是种群行为的常态，它们只是延续着自然界持续千百万年的野性、自由和被生存本能完全驱动的单纯。

在雨林中，象群会推开高大的乔木，开辟林窗，寻找合适的食物。其他动物包括大型虎豹会远远地尾随其后，开拓家园。

大象在寻找水源的路上会留下粪便，荒野中的迷路的人类也会受益，他们沿着粪便走，就能找到水源。

在干旱季节，大象也会往水草丰美的地方迁移。它们其实不愿在一处停留太久，它们的家是整个雨林或草原。

"长者"

1993 年，坦桑尼亚的塔兰吉雷国家公园遭遇了半个世纪以来罕见的干旱。

在不到一年间，三个象群的近百头幼象，竟

有十余头不幸夭折，死亡率是正常年份的 10 倍。但研究人员却发现：这三个象群中有一个象群失去了 10 头幼象，死亡率高达 63%；而另外两个象群则损失不大。

原来，三个际遇不同的象群是它们面对干旱时做出不同的选择，导致了不同的命运。两个较幸运的象群，都果断离开了原来生活的地方，去找到新的水源和食物；而损失惨重的象群，则因为没有勇气一走了之，不得不默默承领大自然的严酷天威。

为什么它们会做出不同的选择？研究者的目光最后集中在头象身上。

就在这之前的 30 多年前，塔兰吉雷公园也曾发生过严重的旱情。未能走出困境的这个象群里，没有一头大象足够年长，也就不曾记得甚至也没有经历过当年的灾害。酷烈的生存记忆，显然没有深入刻进它们的骨血。

而离开原地的那两个象群，头象分别是 38 岁和 45 岁——它们对曾经的那场干旱，有着铭心刻骨的记忆。

虽然它们当年只不过是未成年的小象。但那遥远的恐怖记忆，历久弥新，驱使它们未雨绸缪，果断行动，终于救下了整个象群的性命。

在近年发表的一项动物行为研究中我们看到，象群在代际间，有着生态知识的神秘流转与传承——比如在进入未知或危险环境时，年长雄象就会本能地发出预警，它们扮演的，正是为整个象群指引方向的"长者"角色。

在象群踏入安危莫测的领域之时，母头象或年长雄象行走在象群前方的情况居多。它们能高度精准地记住食物、水源和矿物质的位置，也充当了"象群大学士"、象群生态知识掌握者的角色。

记忆的地图

在春季，生活在云南省昭通大山包保护区的黑颈鹤，会沿着长江上游的金沙江、大渡河等河流，一直向北飞，到四川若尔盖湿地进行繁殖，等到秋季，它们比照着海岸线、河流和山脉的方向，一路返回昭通，保持着极高的飞行精准度。

与之相比，大象是天生的近视眼，只能看清约几米内的物体，它们定位的比照物，可能不是山川河流。然而对于象群而言，不光是沼泽地，只要是它们行经的路线、嬉戏过的池塘、用过的水源地，都会被它们清晰地印在脑海里。

它们的地理感，得益于数代相传的经验，迁移的路线会成为记在心中的"大象地图"，一代一代传承下去。

据相关研究，大象的大脑在陆生哺乳动物中

是最重的，神经元数量也非常惊人。一个有趣的事实是：与记忆息息相关的海马体，人类分布在海马体的神经元约占 0.5%，大象则有 0.7%，可见大象的记忆力实在超出我们人类的想象。所以，哪怕是几十年一遇的严重旱灾，只要群体里有足够年长的老象，它就能带领后辈们沿着多年前的路线，经过艰苦卓绝的跋涉，最终重获新生。

足如"封印"

迁移需要强有力的双足。

大象的四肢粗大如圆柱，脚掌里有一块很有弹性的海绵垫，能有效减轻行走时所产生的冲击力。这个减震器使大象走路时像小猫一样无声无息，因此它们常常会悄无声息地出现在人身后，给人一种突然降临的错觉，无形中增添了更为迫人的气场。

　　大象的脊椎犹如一座山，非常机巧地支撑起身体的重量，所以这数以吨计的庞然大物，实际上是用足尖走路的。

　　脚底的海绵垫除了减震，还能敏锐感知地面震动。通过这种方式，大象可以向 30 千米外的同伴传递信息。比如说同伴失联时间有些长了，它们就用跺脚的方式给同伴发信号。而它的同伴，居然也能用脚来"收听"远方的信号，如果这声音来自自己的象群，它还会作出回应。

　　如果是熟悉的声音，象群一般会情绪如常。但如果声音有异，它们通常立即就警觉起来，聚到一起，躁动明显，有时候甚至会扑向声源地，一探究竟。

　　大象还可以发出几十种不同的鸣叫，有时是高声尖叫，有时则低沉压抑。二十年前曾有科学

家进行观察，大象发出的是一种低频声音，与几千米以外的同伴进行交流全无障碍。它们从喉咙里发出的这些低频声波或次声波，尽管人的耳朵无法捕捉，但却能传播很远。

大象能在 10 千米外听见同类的呼唤。凭借这种非同凡响的听力，视线之外的雷雨声都会被它们尽收耳际。

迁移路上

迁移时遇到河流怎么办？

大象体积大，但同时浮力也很大，它能够轻松渡过宽阔湍急的河流。有的地方，大象甚至能在浅海边游泳。这时象鼻就发挥了另一个顺理成章的功能——当完全潜到水面之下，可以通过鼻子呼吸。

相比于亚洲象，在非洲生活的野生大象，它们在迁移途中，站着睡觉的时候更多，因为站立能更快地在危急时刻作出反应。

为了确保安全，象群里的成年象还会实行轮流睡觉的制度，轮流站岗，稍有什么危险的苗头，就会发出示警。

我们今年在大象北巡的视频中可以看到，亚洲象其实是能够也愿意躺着睡觉的，由于支持巨大身体的膝关节不能自由弯曲，它们一般会缓缓侧卧下来，然后再把腿伸出去。

亚洲象的奔跑速度也非常快。在我们的印象中，它们行动迟缓，不会跑，顶多只会健步疾走。但实际上，它们的行进速度可轻易达到每小时24千米。它们速度最快时，甚至可达到每小时30千米。

被扰乱的交流

不仅是大象，在几千万年间，从海洋到陆地，很多动物都进化出一种稳定高效的沟通技艺。然而，陆地上的人类显然对此毫无感应，也打乱了某种和谐。

比如在几千万年间，鲸鱼已经进化出一种稳定高效的沟通技艺。鲸类视力虽弱，但像陆上的蝙蝠一样，有特异的听力功能，其声呐系统能极为精确地辨别方位、识别目标。人类津津乐道的"第六感觉"，即源出"动物声呐"。

它们播撒的讯息，人类茫然无察，但它们同类间却可闻可感，被每一成员接收。

然而从 19 世纪起，鲸鱼被人类对海洋越来越深入的探查深深困扰，轮船的发展给海洋带来了灾难性的噪声污染，再加上海洋战争、石油污染、商业（科学）捕鲸等因素，鲸鱼跨洋通讯的信息不断被扰乱，水准不断下降。

人类文明诞生以前，它们能相隔万里沟通，如今可能已不足百千米。

在这个蓝色星球上，人类已经失去聆听与辨认周围环境的能力，在深海里，又阻碍了其他高智商动物的演化之路。

与此相关的是，据一项新的研究称，横穿大陆的动物迁移活动正在日益减少，甚至已出现消失的迹象。

人类大规模修建的水坝，阻挡了鱼类的洄游之路，大型舰船在伤害鲸鱼，连接城市与乡村的公路网越来越密，包括开垦牧场、开采矿产，这些都使得叉角羚、加拿大盘羊的迁徙也变得越来越难。过去按各自规律迁徙的跳羚、黑牛羚、大羚羊、西亚野驴、弯角羚和斑驴等，都已不再活跃，而斑驴被证实已经灭绝。负责该研究的美国自然历史博物馆生物多样性保护中心生物学家格兰特·哈里斯认为，人类活动无疑是造成这一现象的重要原因。

此外，气候变暖也可能会瓦解某些动物的迁徙（移）循环。

长路不绝

总归而言，大象的想法比人类简单。它们希望找到一片有着丰富自然水和植被，还能供它们休息和嬉戏的地方。然而，2021 年亚洲象北行这一事件本身，却是在以一种大智慧的方式向我们传递讯息，这次行程具有强烈的思辨色彩和象征意义。

它的玄妙之处，在于对生命存在本质与认知

N

边缘的触碰。生命的故事是复杂的、多样化的、出乎意料的，并不完全是等着隔代的有心人前来串起的零散片段。事件过去数月了，到目前为止，只有一点是肯定的：它们的行为一定是在各种相互制约的力量平衡作用下呈现出来的结果。

亚洲象是雨林生态的指示器。缓缓远去的象群，在以独特的方式昭示人们：尊重生命，尊重自然生存法则。大象北行引发了关于动物迁移、人类知识包括自然保护区的诸多悖论，诸多忧虑，反过来说，就是对"自然"存在的肯定。

据相关科研成果表明，治疗人类癌症的新方法，可能就隐藏在大型哺乳动物的演化史里，躺在它们遗传密码的某个地方。然而令人忧心的事，我们即使知道了这点，可能也已无能为力，为时已晚——科学家们也正在渐渐地失去研究这些巨型动物的机会。由于受到人类的持续威胁，这些动物的数量以及栖息地的生物多样性，都在急剧下降。

这些动物怎么知道它们什么时候应该启程？在冥冥的指引下，它们都在为哪一个更为宏大的目标服务？彩云之南的高天流云之下，贮存着一个动物种群的记忆之光。在不为人知的自然秘密里，携带着迁移之路的起源、记忆、离散与欢乐，是人类与自然合作谱写并同声吟唱的唱赞之诗。

丛林法则与“人类时刻”

为什么大自然的作品总是这样完善呢? 那是因为每一个作品都是一个整体, 因为大自然造物都依据一个永恒的计划, 从来不离开一步。

（法）博物学家布丰 《论风格》

大象"一家亲"

风雨兼程的日子，象群的社会生活其实也过得饶有趣味。

象群核心圈的母子关系是十分和睦的。幼象在两岁前完全依靠母乳喂养，有些甚至到四岁才断奶。在它生命的前八年，几乎与母象寸步不离。亲子教育和技能培训，则会一直延续到小象长到十几岁的时候，这一点几乎和人类没有区别。

幼象对母象的依赖程度和在群里的受宠程度，超出人们的想象。大部分小象都有好多个姨妈充当"养母"角色，当小象遇到难题时，母亲和养母都会尽量帮忙。哪些是与危险有关的信号，如何寻找远方的食物和水源，盐巴可以在什么样的土壤里获取，这是它们共同的教学内容。拥有三个以上养母的小象，其健康成长的概率，数倍于类似动物园里那些没有养母的小象。

扩展到整个象群，我们可以观察到一个组织严密的母系社会。

象群首领通常由最年长的母象担任，首领的姐妹、堂表姐妹、以及这些亲戚未成年的后代，也会待在同一个群落里。它们关系紧密，彼此忠诚。这样的"社会"，我们可以想象为一组组相互交错的同心圆。每个成员几乎都认识群体中的所有伙伴，头象甚至能同时掌握 30 名家族成员的踪迹，这样卓越的才能，无疑非常有利于群体的管理。

而公象则游离于象群之外，它们似乎全无机心地在外游荡，随着年龄增长而愈发独立。它们独来独往，落得悠闲自在。但相较于性情温和的群象，独象显得敏感易怒，毫无征兆就对人畜发动攻击的可能性更大。群象因为有保护幼象的重

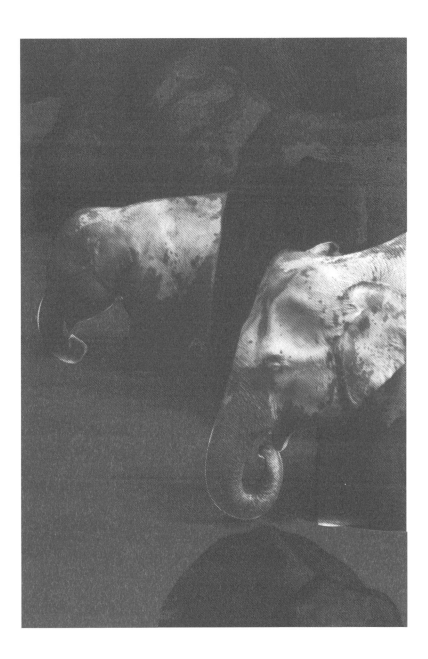

任在身，一般不会主动挑起"边衅"。群象如果与人类发生冲突，一般都是因为幼象。

当然，到了交配时节，独象也可能会收敛一点"个性"，迂尊降贵地在群里短暂停留。这个阶段对象群有着良好的促进作用，它们这些在外漂泊的"社会象"，会对群里的年轻公象起到良好的管教作用。

可以看出，大象难以在圈养的环境下得到很好的养护，一旦离开族群和熟悉的生活环境，它们甚至会终生郁郁寡欢。

比如在动物园中，大象无法获得必需的运动量，身材肥胖（很多圈养非洲象则容易营养不良）。而且终其一生，它们都必须在混凝土上行走，导致关节都不健康。更不用说对群体生活的心理需求，那更不是人类所能给予的，动物园远非它们的理想家园。

在肯尼亚研究非洲象的科研人员达芙妮曾收养过一头 3 星期大的小象，临时充当它的"母亲"，无微不至地照顾它长到 6 个月。然而，就在达芙妮短暂离开它的 10 天里，小象出人意外地绝食而亡。达芙妮深受震撼，她得出一个伤感的结论："当幼象对某个人过于依赖，这种依赖就会变得生死攸关。"

如同"空"否定了"色"，"色"也否定了"空"，生物种群之间的同根同源、密切关联，同样也在否定着丛林法则、物竞天择和一物克一物，自然世界并不是一个祛魅的、剥夺了精神力量或道德价值的世界，如我们所看到的一样，在"大象一家人"之间，同样也存在着紧密亲切的情感关联。

大象和人类一样，同是盖娅母亲的血脉，汲取着大地的营养而生存，它们也会饥饿、劳累、恐惧，也会和人类一样迁移、流浪。"迁移与流浪"，可以说是自然界野生动物种群的空间性变迁与生活方式的新调适，上升到精神层面，也是一个关于"奔走与追寻"的故事。

交流与感应

大象是一种社会程度非常高的动物。它们生性天真，极具智慧，如藏牙、役鼻、泣子、哀雌等，这些习性无不显示出很高的灵性。它们与人有交流感应，能领悟人的意图，也具有知恩图报的意识。

当一头大象逝去之时，家庭成员会围聚在亡者的身边，有的试图唤醒它，还有的会往亡者身上播弄泥土和枝叶，与人类的葬礼仪式颇有些类似。有探险队在非洲大陆发现了类似大象墓地的

所在——在那里，探险队发现了大量的象牙、象骨。当然，非常确凿的大象墓园至今仍不多见。但是大象能记住亲戚死亡的地点，甚至在几年之后还会回来拜访，用鼻子触摸死者的尸骨，似在表达无尽的思念。

"有野象为猎人所射，来姑前，姑为拔箭，其后每至斋时，即衔莲藕以献姑。"（《抚州临川县井山华姑仙坛碑铭》）

"上元中，华容县有象入庄家中庭卧，其足下有槎。人为出之，象伏，令人骑。入深山，以鼻掊土，得象牙数十，以报之。"（《朝野佥载隋唐嘉话》）

类似这样以象牙等礼物报恩的记载有很多。象牙在历代均属珍产，与明玑、翠羽、犀角、玳瑁、异香、美木并称，很有趣的是，大象居然能认识到，象牙是人类需要和喜欢的东西。

大象有将自己的蜕牙埋藏于地的习惯。将猎人引至一处，之后尽出"所藏之牙"，这样的情节并不完全是小说家的杜撰。

傣族先民刚刚迁徙至澜沧江畔时，在新辟的村寨旁，广植翠竹、芭蕉，诱大象来食。象群一到，张牙舞爪的虎豹则退避三舍。傣族创世史诗《巴塔麻嘎捧尚罗》载：

开天辟地时代，英叭神造了天和地，然天飘在云雾里，终日摇摇恍恍；地漂在水面上，终日起伏动荡，因此诞生了象，象是镇天定地的象神。

这足以反映出傣族人对大象的特殊感情，象被认为是和平稳定的象征，一些傣族村寨里的老人，尊亚洲象为"象神"，至今见到亚洲象后仍然欢呼雀跃，蒸糯米饭、砍甘蔗来招待它们。

唐玄宗时，经常用驯象来表演"象舞"，以增加欢乐的氛围。安史之乱后，大唐宫廷的舞象被叛军俘获，安禄山宴请各地藩王，席间想通过大象向他跪拜显示自己是天意所归，但大象不愿顺从新主，在安禄山的宴会上"瞠目愤怒"，安禄山于是下令将象群关入笼槛，架火焚烧，投掷刀剑，尽数杀害。

元朝最后一个皇帝元顺帝钟爱大象，用心驯养了一头能够跪拜起舞的宠物大象。元亡后，徐达把这头驯象运往南京献给朱元璋。据明人蒋一葵《尧山堂外纪》云："一日，上设宴使象舞，象伏不起，杀之。"

朱元璋杀了这头不向自己低头臣服的大象之后，又觉得它是头义象。有一个降臣叫危素，元朝时曾任翰林编修、礼部尚书等职，降了朱明王朝之后，朱元璋竟然在危素的身上挂了两块牌，左边是"危不如象"，右边是"素不如象"。

古人也认为象具有仁慈宽厚、朴实稳重、忠

实正直的品质。《太平广记》中记载："安南有象，能默识人之是非曲直。其往来山中遇人相争有理者即过；负心者以鼻卷之，掷空中数丈，以牙接之，应时碎矣，莫敢竞者。"这就又具有因果报应的思想了。

虽然大象的仁义和温驯人所尽知，但这并不意味它是逆来顺受的性格。现代生物学家认为，大象是为数不多的会表现出创伤后应激障碍特征的动物之一，会出现反应异常、行为难以预测、侵略性增强等症状，出现如掀屋倒树等不加选择的破坏行为。

在西方，有关大象复仇的记载有很多。墨西哥驯兽团有一头名为珍宝的大象，在多年后杀死驯兽师托雷兹的故事，听上去像是小说，但却是20多年前真实发生的事件。

托雷兹长年酗酒，生性残暴，驯象时经常用

尖棒和电棍殴打动物，珍宝也深受其害。后来托雷兹终于退休，动物们获得了一段较为平静的岁月。然而有一次，当托雷兹偶尔在驯兽团出现时，瞬间勾起了珍宝的创伤记忆，它直接上前，一脚使其命丧黄泉。人们这才多少明白，在珍宝憨厚迟缓的外表下，其实压抑着一片极度痛苦的惊涛怒海。一旦达到心理承受的临界点，就会勃然爆发。

在一头母象缄默的记忆里

1971 年，上海动物园组织了一支 50 多人的捕象队，来到了西双版纳。为保证进入动物园的象便于运输和驯养，捕象队锁定了一头小象。这头小象属于一个有 20 多头象的族群。

令人始料未及的是，陪伴在小象身边的母象，

出于母性的直觉，显得异常凶猛警觉。历时一年多的抓捕中，大片原始森林被毁，四头大象轰然倒下，把最后时刻绝望的挣扎姿态镌刻在丛林里。

大象是非常有感情的动物，如果有成员被杀死，它们会集体报复。这一天，人和象就在丛林里迎头相遇。双方都是猝不及防，被迫以命相博。血火交织，恍如鬼哭，一场惨烈的战斗被迫打响。

我们现在已无从想象，象群最终是如何展现毅力和抵抗，展现生命末路的惨烈和悲壮。小象被捕获后连续几个晚上，山谷里都酝酿着狂怒的风暴。连续多天，象群嘶吼，凄厉的啸声回荡山谷，大地几欲震裂，山林耸动，人兽惊心，捕猎队员彻夜难眠，只能不停地往火堆里加柴，与象群对峙。

几经周折后被捕的小象后来的命运广为人知。它起名"版纳"，在生命余下的时光中，这个名字是它与故园唯一的联系。此后46年,"版纳"都是上海的城市明星。然而,它终其一生,都沉浸在童年的黑暗属性里。

对它而言,西双版纳丛林是它记忆中的全部世界,但时间在那惊心一刻就已停止。日复一日,无数心存善意的观众向它挥手欢笑,却再也抹去丛林里惊惧凄迷的记忆。它的瞳孔里,依然是那个雨季恐怖的血火与烟痕。终其余生,它都在以不安的心境,观察着生命四周莫测的风景。火光曾经那样明亮而深刻地照耀过它的童年,关于烈火的印象,也将像遗传密码一样代代相传。

"版纳"一生养育了8个子女。自1978年产下首胎后,就再没有卧下休息过,因为她牵挂孩子的安危。那次血火淋漓、生离死别的记忆,是不会轻易抹去的。它要始终保持着警觉的站立姿态,日夜守护小象,绝不能让自己的幼年悲剧,在幼象身上重演。这一切都是不自知的，是内心深处对大自然突发灾难、对种群灭绝的深深恐惧。倔强而充满戒惧的站立姿态，也让每一个知情人的内心都会被无声的刺痛。

长达 40 年的站立，使得"版纳"关节和脚底造成了慢性损伤，也严重损毁了它的精神健康。许多研究者一直认为，因为体型巨大，如果躺下，脏器会憋闷难受，所以人象宁愿站着睡觉。此次北移象群给自以为是的人类上了一课，原来在野外，拥有自由、无须警觉提防、和自己家族待在一起的大象，是可以安心"躺平"、享受酣畅睡眠的。

"雨林"和"牢笼"两个世界在"版纳"的心里错乱，仿佛一场醒不过来的梦。

成为母亲后的 40 年里，"版纳"只在人类面前躺下过两次，一次是某年百年未遇的高温天里，53 岁的"版纳"中暑昏倒，一次是 2018 年 11 月 24 日最后的倒下。放下多年的防范和戒惧，死亡也许是一场解脱和松绑，一场脱逃和隐逸……

"版纳"在上海，其实得到了人们无微不至的善待，整座城市将它当作宝贝。它与公象八莫感情不错，一共生育了创纪录的 8 个儿女。然而，有一种感觉只能意会，有一种伤害是在心灵深处滴着血而无法倾诉的。"版纳"用自己一生的"屹立"，向我们昭示世界留给它潜意识中的痛苦烙印。

这次对野生亚洲象的围捕，说起来也是以研究和观赏之名进行的。但无论如何，现代动物园的存在，不应单纯为了展示动物，而应是将自然教育、保育、科研结合起来。一个时代曲终人散，留下令人感伤的话题，亚洲象的命运也终于发生了转变。

从全球范围来看，由于非法猎杀、栖息地减少等原因，亚洲象的数量在过去一百年里下降了90%。与此同时，中国境内的亚洲象数量从20世纪70年代的146头上升到如今的300多头。人们都也希望，大象从此找到了自己的家园，从此不再退却，而是能随心所往，恬然安居。

"无穷的远方，无数的人们，都和我有关。"（鲁迅《这也是生活》）这正是环境史的要义，正所谓"法不孤起，仗境方生"。有一种造化的力量在塑造自然，这个力量就是共生，共生的原则就是互利。蝼蚁稊稗，无处不在，世界历史上从未有过纯粹的人类时刻，万千物种共同出演着大自然导演的生命大戏。

把丛林法则等同于弱肉强食，这是一个根深蒂固的误解。沧溟之中每一个物种的命运，都依照自身的演化规律沉默运行。正如珍古德博士所说："唯有接触，才有机会认识；唯有认识，才有机会关怀。"

时光荏苒，多少来自历史深处的事物，都已在日晒雨淋中渐渐老朽。而自然世界常青，喧嚣如故。禁止象牙贸易、抵制动物表演、为大象建立自然保护区，天地山林之间，人和野象深情有约，开始了尊重和信赖的温暖历程。那些在我们做出改变前就已经发生了的事情，可能早已在大象的个体或群体里留下印记，也许等这些阴影彻底消散，还需要漫长的时间。但今后所发生的一切，都不再是偶发的因缘际会，而是与以后的山河岁月、与生命世界的共生与互利密切相关。

渐行渐远

假如你只是在书上研究自然，
你走出门去根本找不到它。

瑞士动物学家 阿加西

前寻：在历史云烟的深处

2020 年 3 月，生活在西双版纳的 16 头亚洲象，在没有任何征兆的情况下，踏上终点未知的漫漫长路。它们是勐养子保护区里赫赫有名的"断鼻家族"。它们从密林中走来，也是从洪荒时代走出，步履间依然留存着荒野王者的气度。它们是地球上唯一没有天敌的动物，除了人类。

大象的智商相当于四五岁的人类孩童，它们能精准记住大面积区域内食物和水源的位置。它们有着独特的思维能力，记忆是它们的地图，经验是它们的智慧。只是它们还不明白，外面的世界，早已不是一个物种可以借迁移和蛮勇就可以开疆家园的洪荒年代。走出密林，就再无可供它们长久栖息的荒野。

其实，大象只是在被动地适应着环境。它们

也不能领会人类设立自然保护区的意图。所以，它们说走就走，一意孤行，挥洒着自然界不可羁绊的野性、自由和被生存本能驱动所释放的能量。它们穿越密林，一路向北，翻山越岭，如履平地，迁移能力之强叹为观止。

这是一次出人意料的行旅。亚洲象迁移扩散原本是正常现象，但在过去，多是在原始生态区内活动，往来觅食、小范围迁移。而这次，对于远距离长途跋涉的象群来说，为了食物和水，它们不得不进入人类生产生活区活动觅食，甚至一路走到人烟辐辏的大城市的边缘。

与此同时，少量、零散、短期供应的食源，与保护区迥异的陌生的地理条件，也难以成为这个亚洲象群驻足的条件。

专家学者们也无法精准判断象群北上的终点在何处，气候、食物、水源能支持它们走到哪

里，一切都需要一步步地监测、评估。

行进在海拔爬升的路途中，其间两头小象出生，三头折返。最终15头野象在2021年6月2日晚间，历史性地抵达昆明地界。

在人类的谋划推动下，这群大象一路南下，到了8月8日，跨过玉溪元江老大桥。故园湿热葱茏的密林就在前方，这场历时一年半的奇幻旅程迎来终点，人象平安。经历了漫长的流浪，万物复归原位，各得其所。

然而，时至今日，人们仍在思考、猜测着野象群北移的动机和目的。

它们是为了寻找更适合的食物？是头象迷失了方向？是否与气候变化有关？今后，类似的迁移会不会成为常态？

会不会是野生大象固有迁移本能的一次觉醒？又不太像。这一次的迁移扩散，显然属于罕见的突发式、游牧式迁移。

我久久地凝视着从历史烟尘里走来的象群。一个事件，一种趋势，都不是突如其来的，而是长期演化的结果。把目光投向更遥远的时空，可以帮助我们在更广阔的视域中，去理解人与野象的这次邂逅。

所有异象都有因果，有漫长的时间线。我试图回顾大象迁移的历史，努力看清它们本不为人类所熟知与关切的命运。

我们只有在这时才会恍悟，不要说整个云南，就是中原大地，原来也都曾是亚洲象的故土。大象曾经在远古时代的中国广泛分布，甚至东北地区都可见到原驰万象的壮观场面。

"昔者，黄帝合鬼神于泰山之上，驾象车而六蛟龙……"这是黄帝在西泰山会盟诸侯的典故，由此可知，华夏民族驯养大象的活动一定是由来已久。

上古时期的舜帝，有一个同父异母的弟弟就叫象。他曾经屡次陷害舜，最终却被舜的道德力量所折服，最终"舜封象于有鼻"（《汉书》）。应该说，这则神话隐晦地反映了人与野象斗争的过程。舜感化象，实际上讲的就是人类驯服野象的历史。在后世民间，这个传说还进一步成为舜帝"孝感动天"的象征，"舜耕于历山，有象为之耕，有鸟为之耘"。

"驯化本就是一个共生的过程，是动物和人类共同努力的结果。"（莱恩·费根《亲密关系：动物如何塑造人类历史》）驯化后的野象极为忠诚，它们任劳任怨，表现出非比寻常的亲人类甚至亲社会性。象足踩踏农田、象鼻汲水洒地，比之耕牛，能大大提高耕作效率。比之"老虎与人"，人与象更能成为人类与野生动物关系的上古缩影。那时，华夏先民和亚洲象，都生活在合适的位置，并由此铺陈开有机、连续、动态发展的交往历程。

据《吕氏春秋》记载："商人服象，为虐于东夷。"这说明当时黄河流域还生活着众多大象。殷墟出土的甲骨中有许多商王猎象的内容，如"今夕其雨，获象"，意思是傍晚下雨时，捕获了一头大象。

河南省的简称"豫"字，就是一幅人牵大象的象形画。不过按伊懋可考证，在周代时，大象就已经从河南北部，退到了淮河北岸。

这也在很大程度上也出自气候变迁的影响。在西周时期，气候还比较温暖，大象在中原地区相当活跃，然后气候逐渐趋向寒冷，直到两晋时期达到冷期的极值，然后开始回暖，到唐朝时有个小温期，在长安还可以看到橘树，之后一直趋冷，直到明朝达到了峰值。

在此之前的更新世时期，也发生过多次气候转冷，但并未造成野象彻底退出黄河流域的后果。不过大象作为一种对于食物和生存空间要求都很高的大型哺乳动物，比之小型动物如鼠、兔、狼、狐等，肯定容易受到更严重的冲击和危机。

唐代是大象从长江流域消失的一个重要时期。从唐人笔记小说中我们看到长江流域有象出没的记载，但实际上在隋唐时期，象广泛生存的地区，已经主要集中在岭南、云南和安南一带了。

一路退却

森林在以农业为主的生产体系中，并不被看作是一种宝贵的资源，更何况它还暗藏了包括大象在内的伤害人畜破坏庄稼的野兽，所以越来越

N

多的森林变成了耕地。先秦以降，中原地区的森林因人类活动而逐渐消逝。

加之连年战乱，出现了人与象争夺生存空间的情况，野象"暴稻谷及园野""食民苗稼""践民田"之类的记载在史料中不绝于缕，人类随之进行猎杀，冲突周而复始，亚洲象的分布区域只能是逐渐缩小。至魏晋南北朝时期，淮河流域还有部分亚洲象的分布，但大多已退到长江以南地区。

瘴江南去入云烟，望尽黄茆是海边。

山腹雨晴添象迹，潭心日暖长蛟涎。

射工巧伺游人影，飓母偏惊旅客船。

从此忧来非一事，岂容华发待流年。

（柳宗元 《岭南江行》）

据柳宗元诗描述，"山腹雨晴添象迹"一句，并结合相关史料可知，唐代珠江流域的西部和东部，仍是亚洲象的主要栖息地。唐代至北宋，广东省雷州半岛也都有大量亚洲象生存。

宋代气候发生了一次短暂的回暖，一度萎缩到长江流域的野象，偶然间再次出现在淮河附近甚至更北的地区。宋太祖建隆三年（公元962年），有大象从长江流域的黄阪县（现武汉一带）出发，经过长距离的漫游和迁移，到达了南阳盆地，甚至在江北的南阳县过冬。

宋太祖乾德五年（公元967年），又有大象漫游至京师开封，最终被捕获，饲养于玉津园中。在政治中心，象的不期而至意味着"太平有象"，实属求之不得的祥瑞。

另外值得一提的是，每年三月到四月，玉津园是向京师普通民众开放的。千年前的宋人，春游时还可以免票进入皇家园林，欣赏难得一见的珍禽异兽。

至南宋时，杭州民间还出现了表演的专业团队"驼象社"，据这个名字看，应是以骆驼、驯象为主的马戏团。

有宋一代农业开发力度加剧，而此时在岭南地区，人象冲突却正在加剧，政府鼓励猎象活动，就连猎杀大象的方式和工具也一直在花样翻新。

比如"陷讲法"，就是挖掘深沟，然后再用草木伪装，等大象跌落后，气力渐衰，再行抓捕。

"药箭法"，是指在箭镞上涂抹毒药，多箭齐发，大象负伤而逃，不到一二里就毒性发作而倒地。

再如"悬巨木法"，就是在大象可能经过的地方，悬挂巨木，待象经过之时，割断绳索，通过"砸"的方式，使大象殒命。也有设下其他机关，一旦被触发则刀刃飞出。

还有一种是"埋象鞋"，陷井下布有巨刺，

能在瞬间贯穿大象脚底，让大象当场倒地哀鸣，痛不欲生。总之，一种比一种残忍。

至明代，民间就已有条谚语："南人不梦驼，北人不梦象。"大抵就是未曾见过，无从想象的意思，明人叶子奇《草木子》中也收录此言。野象仅在"四时常花，三冬不雪"的广西南部、云南南部地区有分布。这里广布野芭蕉等瓜果类植物，以及草、竹等植物嫩叶，且明初时这里人烟稀少，对野象的生境干扰不大。

明朝万历年间，曾经出任云南参政的福建人谢肇淛，在记录风物掌故的《五杂俎》中曾写过：

滇人蓄象，如中夏畜牛、马然，骑以出入，装载粮物，而性尤驯。

明代在今广西境内，还设置了专职捕象驯象的机构——驯象卫。驯象卫的设置从一开始还具有捕象与镇戍的双重目的。驯象卫捕捉的野象，经初步驯化后，即由象奴负责送至京城。明初设于南京的演象所具体位置已不可考，迁都北京后，设于西长安街一带。

到了清代，安南、缅甸、琉球、暹罗、南掌诸国以及我国云南等地，几乎从未间断向中央政府进贡驯象。不过至清晚期，珠江流域的亚洲象已是非常少见了。

历史是一个连续的过程，变化也是在连续逐渐积累中生成的。到19世纪30年代，广西十万大山一带的野象灭绝。从此，野象退缩到云南一隅。

版纳是古代"百越"的一部分，亦谓"滇越"。"百越"曾有"乘象国"之称，如今又成为亚洲象最后的世界。

这样看，大象的确是一路退却的。如此庞然大物，如此强势的物种，在与人类的斗争中逐渐

N

败退，渐渐退出了人烟稠密的人类生存区域。它们躲避弓弩，躲避兽夹，躲避锯断它们牙齿的利刃，躲避冰冷的铁笼，最后反正是见人就躲。

也有少数情况之下，它们会发起凶猛的集团式的绝地反击。但所有的反击，放在人类社会的发展进程里，都是不值一提的。严酷的环境抑制了生命的繁殖力量，它们的数量一直在下降。

交融

象军军阵庞大，行动中可载兵甲物资，停止列队时可列阵拒敌，战斗力和震慑力可谓十分强大。边疆民族最早利用训练大象作战，让中原王朝的军队一时大为惊骇。不难想象，在依赖冷兵器和队列冲锋作战的古代，一头长鼻獠牙的巨兽，可以对敌军产生何等程度的冲击与震撼。

在中国春秋时期，吴国伐楚，楚军就曾摆出过"火象阵"来御敌。这表明当时汉水中游不仅有大量的野象，而且已经用于军事战争中。隋唐时期中南半岛上新建的国家真腊也有象军，"真腊在林邑之西南……有战象五千头。"（《隋书》）

明末李定国的十三头大象也曾多次重挫清军。冲向人的时候，大象时速能达到60码，有时距离它们300米也逃不掉。不过象阵也有缺陷，一旦遇火攻就会掉头狂奔，反给己方军士带来灾难。"义象冢"是明末为了纪念在战场上英勇作战而死难的象筑就的坟墓，时人每至于此，每每会流连吟咏。如清代戴淳《余三过马龙而义象冢无诗兹补赋之》：

一身当万矢，胆特大于身。

力竭生平寇，功存死卫民。

昔年经道路，落日吊嶙峋。

厉害相趋避，纷纷款世人。

印度的战象曾经给横扫世界的马其顿征服者留下深刻印象。汉尼拔在特雷比亚河战役中大胜罗马军团，也是依靠37头战象突破了罗马军团的三重防线。

《马龙州志》中专有一人为战象列传，描述颇为传神：

人得象而撼山可崩，象得人而拉朽任意，象之于军也，壮矣哉。及战，七象分队而前迤进，奋鼻电惊，张牙矛挺，近则地塌，退则海倾，我军承之，则莫我敢承，而其一象撄贼，贼药镞中其要害，怒随风发，横行贼阵之威力。所加，鲜不披靡。

诗经中"四牡翼翼，象弭鱼服"这一句，象弭就是指用象牙装饰两端的弓。

总体来说，中国军人与象的缘分似乎不够深厚，当文明逐渐发展起来的时候，象群留给它们的只剩下背影。然而，大象还是默化在国人的记忆深处，象棋的发明也昭示了这一点，人们在楚河汉界这个想象的战场上，一代代揣摩着群象冲锋掠阵的雄风。

"纳宝盘营象辇来，画帘毡暖九重开。"统治者需要庄严而独享的稀奇巨兽，来映衬王权不可侵犯的荣耀。忽必烈对大象的喜爱远远超出了历史上的任何一位皇帝，黄文仲《大都赋》云："惟我圣皇，五辂不乘，八鸾不驾，雨则独乘象舆，霁则独御龙马，何其然也。"这象舆就是元朝皇帝的御用车舆，史料中或称"象辇"，或称"象驭"，象征着至高无上的地位。

据《马可波罗行纪》记载，为了庆贺新年，皇帝及其所有臣僚要举行一种节庆，驯象表演是其中的重要节目：

应知是日国中数处入贡极富丽之白马十万

匹。是日诸象共有五千头，身披锦衣甚美……是为世界最美之奇观。

五千头大象身着盛装出现在皇家庆典中，如此规模，令人几乎难以置信。元代大象主要来源于南方诸国的供奉。据《元史·舆服志》，这些大象"育于析津坊海子之阳"，即今什刹海至积水潭一带。

据明代历史地理著作《帝京景物略》记：

三伏日洗象，锦衣卫官以旗鼓迎象出顺承门……象次第入于河也，则苍山之颓也，额耳昂回，鼻舒纠吸嘘出水面，矫矫有蛟龙之势。象奴挽索据脊，时时出没其髻。

京师洗象，一年仅一次，一时观者如堵，盎然成趣，是都城百姓的盛大节日。

清代前期，国力强盛，宫廷象奴和驯象师一度超过百人，每一头大象都有一个吉祥的名字，

N

且有不同官阶，按级别享受俸禄，配备象房，由户部供给食粮，工部提供毡条等御寒之物。洗象盛况更远超明代。

据《帝京岁时纪胜》记载：銮仪卫的官员着官服，由仪仗队一路鼓吹，"导象出宣武门西闸水滨浴之"，附近搭了彩棚，"都人于两岸观望，环聚如堵"，酒肆宾朋满座，店铺人头攒动，生意异常红火。道光以后，国力逐渐衰微，加上滇南地区时常发生动乱，泰国、缅甸、柬埔寨等大象进贡国应对西方入侵不暇，"故咸丰以后十余年象房无象"。

大象有自己的生存空间与生存法则。它们是陆地生态的高阶消费者，是自然环境最敏感的指示器。然而，我们对它们实际上知之甚少。生命演进的历程中，永远有着太多的奥秘。穿越云雾苍茫的国土，每一次旅程都会留下印记。大象南迁的漫长历史，以及一只象群孤军北上的现实，都让我们领悟野生动物世界开放、未知、变动不居的特质。

彼得·辛格说："我们并不需要'爱'动物。我们所要做的，只是希望人类把动物视为独立于人之外的有情生命看待。"也许，无论是"南下"还是"北上"，大象都是走出了一条启示与沟通之路，这无言的行走与道路引领和昭示我们，变得更为阔达与包容，要从不同角度、不同视野，更清楚地看清中国环境的变迁，也看清我们人类自己。

亚洲象：
历史记忆与自然关怀

人希见生象，而得死象之骨，案其
图以想象其生也。故诸人之所以
意想者，皆谓之象也。

《韩非子·喻老》

观
象
S

灵兽

《春秋运斗枢》曰："摇光之星，散而为象。"

传说大象为摇光星散开而生成的，故为灵兽。的确，象的体形、五官、习性、智慧以及由它而产生的文化都令人着迷，引人畅想。

《异部宗轮论》记载："一切菩萨入母胎时，都作白象形。"大象在佛教中享有崇高的地位，就是因为它是象征佛诞的圣兽。

佛骑象而来，象同时也是帝释天或菩萨的坐骑；可能没有比象更具灵性和威仪的交通工具了，当然这个交通工具可能是比喻层面的——大象是为"渡"也。

释迦逝牟尼就曾化身白象，六牙表示六度，四足表示四如意。象力大势沉，代表佛的慈悲法身能够负担人间悲苦；白色喻示纯洁，没有沾染世间习气。

野象通常被用来比喻天马行空的心境。"九住心"代表禅修的九层境界，随着高度变化，桀骜不驯的黑象身上颜色逐渐变白，后面的火焰也由大到小直至熄灭。人征服本心的过程，真如驯服一头野象。

"大象渡河，彻底截流"常用来譬喻听闻教法，所证甚深。兔、马、象三兽渡河，譬喻小、中、大三乘证道的深浅。兔渡河则浮在水面，马渡河则及半，大象渡河则会不容置疑地彻底截流。由此更可见，大象还是具有极高智慧的佛教圣兽。

"盲人摸象"是另一个广为人知的佛本生故事，喻示世界的本真有着不同的色相。

有时会想，大象从雨林出发，向人烟辐辏的大城市进发，最终重返家园，这本身就是一个意味深长的佛家公案。它们风尘仆仆的行者姿态，像极了在人类居住区与野生动物栖息地之间的苦修者与摆渡人。

在云南的深谷中，大象走过的地方都成了一片开阔地。它们在雨林中开榛辟莽，断树扯藤，闯出的通道即为"象道"。

在旱季时，它们一边行走，一边用脚、鼻、牙齿随处挖掘，在干旱河床上寻找湿润土壤。它们行走时形成的巨大脚印，成为其他小型动物使用的小型水源地。

它们大开大合，席地幕天，在自己开辟的道路上信步由缰，走州过县如若等闲。

烟涛微茫，云霞明灭，大自然每时每刻都在徐徐变幻。中华哲学的最高范畴——"道"，就藏在恍惚混沌的"象"里。

"道"者，道也

甲骨文中的"象"字，是象形字，形似大象的形状。作为基础的文化"基因"，"象"与汉民族本源的文化系统：语言文字有着无法割舍的血缘关系。

后来人们逐渐将"象"字延伸，指代大象及其生活环境，随着时日久深，再进一步成为大象存在的整个有机生态系统的象征，常与混沌的自然界并称，直到抽象出精神领域的"显象""象征""大象无形"这样的自然哲学思想，被引申为大道、常理、自然规律。

中国哲学里的"象"，究其内里，本来就是由动物的"大象"生发而来。古代的时候没有摩天大楼和其他巨型事物，大自然生产出来最大的东西就是大象。

239

"象"具有特殊的力量，以及抽象的含义。从日常生活的器物之象到祭祀活动的祭器、乐舞之象，从天文学的日月星辰之天象到传统医学中的藏象、脉象，从巫卜文化中的龟筮之象到宗法文化的制度之象，"象"有一种不可抗拒的自然之力，它是一个包含思想价值、精神品格、民族意识的概念，是具有哲学意味的象征符号，并长久地参与了中国文化美学与哲学的建构。

"夫神道阐幽，天命微显，马龙出而大《易》兴，神龟见而《洪范》耀。"（《文心雕龙·正纬》）《周易》"象思维"的玄妙之处在于：要超越事物可见可感的外形（形貌），而把握本质的"象"（习性），才能形而上以通"道"，才能通晓文章风貌，喻类万物之情。

"观象"，即是从兽象到形象、想象、天象、气象、现象出发，然后观物之玄妙、通天下之故，是主客交感、物我两忘的思维境界。

《老子》有云："执大象，天下往。"河上公注："象，道也。圣人守大道，则天下万民移心归往之。"华夏民族十分重视观察天象，"观象"在中国古代，是关系社会治乱的大事，所谓"观乎天文以察时变，观乎人文以化成天下"（《易经·贲卦》）。有时"象"亦指气象现象，比如自然四季的宏阔轮回。

象用鼻子沐浴的有趣习性，常让人联想到雨水，这也使之与土地的丰饶相关联，继而引申为"受胎"寓意。南非的布须曼人相信，大象和雨水是密不可分的，他们认为大象可以与神秘交流——如果一个地方受到旱灾，在久旱后又有人梦见大象狂奔，那就喻示着天降甘霖。

大象和乌云同属一个家庭，你看，它们奔腾而来，和乌云一样庞大，通体灰色，吼声如雷；

当象群陆续聚集，必会有乌云亲戚前来拜访，并为大地带来渴盼已久的雨水；它像山一样高，头上就是整个世界；它是一个非常聪明的孩子，喜欢冥想，老气横秋，但又仿佛了解这个世界的全部秘密……流传在南亚国家的优美诗歌，为我们呈现了亚洲象吉祥、智慧、亲和的形象。

佚闻与传奇

尽管也面临掠杀、栖息地萎缩的困境，但与非洲象的悲惨命运相比，它们的同胞亚洲象则显得幸运许多。大象在东方宗教文化中的悠久历史和崇高地位，使得亚洲象在东方的生活相对惬意、顺畅得多。

亚洲象被视为"魅力型大型动物"，自古就倍受亚洲各种文明、各类古国中的宫廷、显贵的恩宠，具有相当的政治文化象征意义。

在中国的魏晋时期，人们已经学会将大象驯化后，用于象礼仪、象表演等方面。《吴书》曰："贺齐为新都太守，孙权出，祖道，作乐舞象。"意思是说为了庆贺新任太守而令象舞。

帝王在礼仪、舆服、居住上要异于常人，体现特殊的身份地位。而象数量稀少，依靠远方夷人进贡才能维持一定数量，还有需要专人饲养及体型庄严这些特征，非常能满足君王彰显身份的要求。

《明皇杂录》中记载，唐玄宗除了养有著名的舞马以外，还养了大象，而且这些大象与舞马一样，"或拜舞，动中音律"，能够自如地按照音乐节奏起舞跪拜。

除皇室外，贵族与富商也常用象牙或象骨可以做成各种饰物，如象觯、象觚、象邸、象尊、象路、象栉、象笏、象环、象尊等。对于官吏而言，则集中体现在笏的使用上。

如《明史·舆服志》载："一品至五品，笏俱象牙""凡文武朝参官，锦衣卫当驾官，亦领牙牌，以防奸伪，洪武十一年始也。其制，以象牙为之，刻官职于上。"通过正史中对象牙的使用以及等级评定，可以让我们一窥象在统治阶层及官僚体制里的价值。

亚洲象在皇家礼仪中的频繁出现，也表达了君主对边疆蛮夷地区进行权力控制的隐性思想动机。

"象"虽在封建社会时的中原地区较为罕见，但是已经渗透到了礼乐生活中的很多方面。明清玉器古玩中"太瓶有象"这样的祥瑞图案，谐音"太平有象"，是对国泰民安的优雅祝福。

白色被认为是纯洁无疵和富有权能的标志。

白象形象姝好，又有宗教上的含义（"白象之渡尽其源底"，有言语道断之功），所以在亚洲传统文化中，有圣物的喻义，能预示家园风调雨顺，能使百姓物阜民丰。所以白象出没，必为祥瑞，会被载入正史。

"元嘉六年（公元 429 年）三月丁亥，白象见安成安复。"（《宋书·符瑞志中》）

"永明十一年（公元 493 年），白象九头见武昌。"（《南齐书·祥瑞志》）

《唐六典》中对祥瑞等级的限定十分明确，有大瑞、上瑞、中瑞、下瑞之分。比如开元七年，定大瑞时，白象及象车皆为大瑞之类，足见尊贵。

在南亚和东南亚地区的庙宇、殿堂、皇家陵墓等，也常用象作为装饰。

当泰国处于暹罗时期时，憨厚朴实、聪慧睿智的白象在整个国家的生活中具有重要的地位。

它们温顺而有力，被尊为神，代表愿行殷深，辛勤不倦的"天人"。它们居住在宫殿中，享受着奢华的待遇。如果要建造新庙宇，人们就会让白象去寻找圣地。

回望

亚洲象这种充满力量和智慧的庞然大物，为了适应自然环境的变化，寻找水、食物以及能满足种族延续与生存需要的家园，在遗传基因的烙印及周围环境变化的刺激下，不须召唤，它们自会一次次踏上的陌生旅程。

只是，它们的行动在人类眼中意义不明。

2021年，断鼻家族的这次行程，具有强烈的思辨色彩和象征意义。

它的玄秘之处，在于对生命存在本质与认知

边缘的触碰。《易传·系辞》说："天垂象，见吉凶，圣人象之。""象"兼形想，不仅是"象"的词义引申，更含有自然的深义。古代的人文事象诸如田猎、农事、畜牧、征伐、婚媾等，自然的变化与天的意志有着密切关联，人们通过观象去获得启示，由此判断未来的方向。

天地混沌，气象"氤氲"，人与环境之间的互动是双向的、多层次的，彼此都在不断的变化中反馈、调适。亚洲象是雨林生态的指示器。它们在以独特的方式昭示人们：尊重生命，尊重自然生存法则。大象北行引发了关于自然保护区的诸多悖论，诸多忧虑，反过来说，就是对"自然"神圣性的肯定。

有时会想，也许我们曾经以为的匆匆过客，可能原来却是主人。我们眼中的不速之客，到头来发现，竟是归人。

"大生命"需要"大舞台"

什么是自然的尽头，哪里是苍穹的尽头，地球在任何一个点和所有的点上获得平衡，所以，实际上每个事物都在顶点上，而又没有一个事物位于顶点。

（美）约翰·巴勒斯《标志与季节》

流转的因果

象牙曾经是推动欧洲、非洲和亚洲的海上贸易往来的重要货物。

在经历了数万年的猎杀、数百年的象牙产业和三十年的国际化偷猎走私之后，大象得到了国际上广泛的保护。然而，很多影响深远的恶果，却不是说停就能停。

牛津大学的动物学家前几年发现，由于体型更大、象牙更长的成年雄象遭大量捕杀，象群繁育行为有所改变，体型较小、象牙较短的雄象得以繁衍更多后代。这一趋势不断持续，导致非洲象的象牙平均长度已经缩短。

就像达尔文的感悟一样，进化并不必然导向更高级的事物。进化之路实际上没有高低贵贱之分，适其所是、应其之命就是其本质，就是最高的法则。只不过物种一般历经数千年进化后，才会出现明显进化结果，但非洲象的象牙长度出现显著变化，仅用了大约 150 年。

非洲大象被迫进化的后果，正是源自偷猎者大肆猎象以获得象牙的行为。自 19 世纪中叶以来，非洲象的象牙平均长度已缩短一半。在戈龙戈萨国家公园里，那些幸存下来的、现已迈入老年的老象身上有一个特点——它们很多都没有象牙。幸存下来的没牙母象，生育了更多没牙的后代。

从理论上讲，猎人应该等到大象自然死亡后获取象牙。但当哪怕最小的象牙都能卖出很高的价钱时，迫不及待、利欲熏心的当地人，早就无法抵御巨大利益的诱惑。非洲象牙的平均重量，也早就从 1970 年的 24 磅降到了 20 年后的 6磅。无论是小象还是母象，只要它们长出了牙齿，哪怕象牙再小，它们都会成为捕猎的对象。

这令人感觉有些心酸的"进（退）化史"，还不能道尽人类对野生象的所有影响。

再比如，象群可以通过声音，告诉同伴自己的位置；听到声音的大象，则有能力分辨这声音源自敌人还是友朋。然而，当研究者对那些经历过偷猎和扑杀、失去年长同伴的"孤儿象群"播放试验声音时，得到的却是各种紊乱的反应。象群可能对熟悉的声音感到惊慌，夺路而逃；也可能对危险的异响浑然不觉，充耳不闻，完全不懂得该如何正确应对潜在的威胁。

更糟糕的是，它们完全可能将这些不恰当的行为和反应，作为混乱不堪的基因指令，传递给下一代。

2012 年初喀麦隆包巴恩吉达国家公园，6 周的时间里，有 650 头大象遭到猎杀，失去了一半以上的大象。

在西双版纳，1991—1995 年，有 30 头亚洲象因偷猎致死，绝大部分猎手是当地居民。1996—2005 年，亚洲象得到严格保护，中国境内的大象基本摆脱了非洲象那样被猎杀的厄运，但人象之间的生存冲突却一直难以避免。大象频繁肇事，它们在保护区周围村寨采食、践踏作物，对人类活动进行报复性攻击。

据西双版纳自然保护区管护局统计，当地约 300 多头亚洲象，已有约三分之二都走出了保护区，开始频频出现在公路、村庄、农田，甚至热闹的集市里。人类用法律行为建造的行政界碑和界桩，显然管不住野象。哪个地方适合生存，哪个地方就是它们栖息地。

人象冲突的焦点，已经从盗猎和杀戮，变成了保护与发展的矛盾。

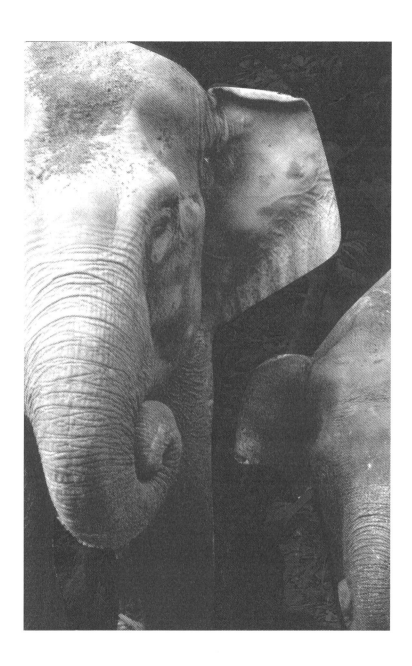

而且随着法律制度逐渐完善以及人们保护意识逐渐加强，亚洲象开始减少对人类的恐惧。除了娇嗔的脾气渐长，包括它们的口味都变得越发刁钻，面对农作物，起初整株取食，后来挑三拣四，当它们意识到可以在农田里随意取食而不会招致惩戒，从此就不再对人类敬而远之。

根据不同农作物、经济作物成熟时节，它们往返于森林和农田之间，更是学会只挑甘蔗和玉米棒等最精华的部分吃，其他就委弃不顾。在食物匮乏时节，还会冲击村寨取食农户存储的食盐、谷子等食物。据业内人士分析，前几年实际上亚洲象就有了明显"北移"趋势。

发展与保护

俯瞰西双版纳，山峦层叠，满眼葱绿。西双

版纳州景洪市大渡岗乡香烟箐村，距离著名的野象谷景区不到 5 千米。

大象经常在村庄附近出没，吃农民种的玉米。当地村民保护野象的意识提高了，不放爆竹驱赶野象，也不伤害野象，野象的胆子也变大了，白天也会跑到林子外的农田吃庄稼。国内对野生亚洲象的保护力度并不小，30 年间，野生亚洲象种群数量从 150 头左右增至 300 头左右。各部门对自然生态、对野生亚洲象的保护一直直层层升级。

在西双版纳自然保护区的莽莽林海内，如果没有树木的遮蔽，大象就无法生存下去。树木被毁，大象就会远离。然而，如果树木太密，也不行。

在保护区内，森林保护力度增大的同时，也带来了高大乔木，这从来不是大象的食物。植物发展得太好，顶冠层高大树木形成了很高的郁闭度，影响了大象赖以维生的食物。在丛林里，大象会本能地推倒几十厘米高的树木，不让这块地方成林。对它们而言，林木不能太密，太阳基本照不进去那些地方，大象是不会去的，进去了也要开路。

亚洲象的理想栖息地严格说来，不是密林，而是由灌丛和荒草地组成的林地。它们喜欢食用禾本科和芭蕉。保护区森林化以后，原始林木不可砍伐，但林中可供大象食用的天然植物，却会因防火或种植砂仁等经济作物而被清理，高大树木下的低矮禾本科植物的生长也受到抑制，在客观上导致了森林里野象易食的食物减少。

而在保护区外，橡胶、茶叶等经济作物的种植面积不断扩大。1990—2010 年间，西双版纳的土地利用格局发生了明显的变化，橡胶林、茶园面积快速增长，大量的有林地或灌木林地转化成了橡胶林或茶园。在此次大象出走事件中，橡胶林的扩张，被认为是"赶走"大象的重要原因之一。

橡胶不是洪水猛兽，它也是一种树，尽管它和雨林里的树不一样，是一种被人类赋予了很强目的性的乔木，当地人说，"走进这种林子，你尽可放心，不要怕，里面没有会吃人的动物，这种橡胶林，连老鹰和蛇都看不上。"

为了让橡胶树有更高的出胶量，人类发明了一种叫草甘膦的除草剂，专门用来消灭生长在橡胶附近的杂草，以保证这里的营养和水分没有被其他动植物吸走。如果一整片山都种上了橡胶树，那么不用问，这座山的所有精气神，就是橡胶树的专属，别的动物尤其是大象，就别想再分享了。

尽管如此，整个西双版纳地区并不能全部认定是栖息地，当地群众也有自己的生计，有自己生存的困境，有种植经济林的权利。

而且有一个问题：如果现在停止种植橡胶、茶叶和砂仁，把所有经济作物都铲除掉，把野象喜爱的植物恢复，就能让亚洲象留下来吗？当然，谁也不能如此断言。究其实质，可能我们注重了对植被的保护，而忽视了对野生动物栖息地的管理。这是两个类似但有所不同的问题。

国家公园

西双版纳的热带雨林究竟可以承载多少野生动物？

一头亚洲象每天要进食量巨大，它们喜欢吃雨林里的嫩枝、树叶和茎秆，这个食量无论放在哪里，很快就会把附近的大部分植被横扫一遍。

然而从另一个方面来说，大象其实又不损害

大自然（雨林），大象族群的所作所为，其实反而能促使大自然（雨林）不断再生和轮回。大象不是雨林的破坏者，而是雨林的维护者；甚至是自觉而忠诚的守护者。

现在，政府、保护区的村民们和野生动物保护专家，都在不断尝试各种方法，恢复亚洲象的栖息地和食源地，试图用新的方式来解决人与大象共同生存的问题。

时至今日，建立国家公园已成为人类保护自然的通行做法。

20世纪50年代末，"西双版纳自然保护区"成立，目的在于让所剩不多的原始植被得以留存。实际上，保护区已经是由勐养、勐仑、勐腊、尚勇、曼稿五块不连贯的热带雨林构成，却是中国亚洲野象最后的生存空间。

大量的工程建设使生境进一步破碎化，国道

和高速公路都穿越西双版纳国家级自然保护区的勐养子保护区，对该区域内东、西两个片区亚洲象的通行与交流起到了不小的阻碍作用。随着亚洲象适宜栖息地大幅减少，原有连片栖息地严重破碎化和岛屿化，以致亚洲象退居"生态孤岛"，冒险穿越又易发生各种事故，象群种群交流艰难，人象活动区域高度重叠。

大象的活动范围，就取决于栖息地的植被、水源状况，以及地域广阔、资源充足的森林地区。如果将相互分离的生境斑块有机的连接起来，扩大野生亚洲象的栖息地范围；将来大象就可以就在几个觅食区域来回转悠。

国家公园的概念是由多个保护区、保护地组成的，当然也包括村庄、农田、公路，这个更广义的概念。保护区并不是专门针对亚洲象设立的，而是保护整个森林生态系统，这个森林生态系

统由很多物种组成。亚洲象只是其中的明星旗舰物种。

国家公园保护地区生态系统以及系统内的珍稀野生动植物，亚洲象只是其中之一，并非专属。

著名的被称为"花圣"的瑞典植物学家卡尔·林奈，曾明确把自然界的各个部分联系起来，并率先用一个名词"自然的经济体系"来概括它们之间的依赖关系。他认为，在这个经济体系中，每个物种都有其"被指派的位置"，"通过一种复杂的分类学上的安排，每个物种都通过帮助其他物种来换得它自身的生存"。亚洲象国家公园的设立，会持续促使我们思考，该如何理解动物生命个体、动物种群的内在价值和道德地位，以及最合理的自然模式应该是什么样的。

亚洲象对空间的需求，和它们的食量一样巨

大。然而它们生存的地方，相比中国其他10处国家公园体制试点，人口非常密集，人象混居的状态隐藏着冲突和风险。所以在设立保护区过程中，我们还应重视缓冲区的建设。

重建大象栖息地，同时也要兼顾保护区周边群众的经济发展和大象需求，实现保护与发展相平衡。

国家公园的建立与发展是在具体的地域（理）环境中，生物学家雷蒙德曾把"生态区域"定义为"地理区域与意识区域的综合体，对于某个地方来说，也是人类如何在此生活的观念"；这个定义包含气象、自然地理、生物地理、自然历史等自然要素，而其中蕴含的深层价值，需要通过"身临其境的人"的认知和感受表述出来。

所以，人类生存和永续发展是国家公园的根本价值，所以，国家公园不能将"人"这个要素排除在外。

大生命必须有"大舞台"，方能上演跌宕起伏的戏剧。亚洲象国家公园的规划，已经越来越紧锣密鼓地提上日程。

寻归家园

对于这次出走的象群而言，它们从始至终均在监测范围内，一路有人照料，没有食物匮乏之虞。相比于森林中的食材，人类一路提供的农作物热量更高，也更可口。不止"断鼻家族"这个象群，云南亚洲象整体都在人类的宠爱下，正在逐渐改变食性。这是一个多少令人有些苦恼又难以改变的事实。

诱导象群回归，目前似乎也只是一个权宜之计。回到保护区，它们可能仍然要面临食物短缺、栖息地不足的问题，也许有一天，它们会心血来潮，再度出发，去寻找新的栖息地。

休谟说，没有一个科学家有能力从逻辑证实，明天的太阳一定会升起。没有人能够决定下一次象群迁移的起点，但爱心与关怀，最终将决定它们未来前行的方向。

随着生态环境进一步趋好，亚洲象种群仍将继续增长，它们需要更大更适宜的"家"。

西双版纳热带雨林，是地球北回归线沙漠带上极为难得的一块绿洲，被称为动植物基因库，庇护着万千动物与人类。在走过漫长时光后回望，或许，这里将是无数个生灵故事迁移、扩散或流浪的起点。

潮湿的河谷弥散着夏天的味道，月光宁静，溪流清澈，仿佛梦里家园。在这里，人类与自然世界之间的界限开始变得模糊。从西双版纳热带雨林的野生亚洲象，到森林边的野象谷，总是有一种莫名的牵动，将我们人类与动物、自然连在一起。

2021年亚洲象群这一次出人意料的行旅，既是大象的迁移与寻找之旅，也是云南地区四季更替、自然变迁的呈现。我在这片湿润多雨、植被繁茂的土地上行走，到处都是高耸的山脉与密集的河流。我感受着岁月深处的苍郁气息，感受着千年以来亚洲象向着这里不停迈动的脚步，葱茏与清澈的风景之中，心里非常静谧。

云南的高天流云之下，有着丰饶神秘的物种优势和生态景观，生物多样性与生态整体性相辅相成。尽快建立亚洲象国家公园，把亚洲象的适宜栖息地划到国家公园里，为亚洲象提供更广阔的生存空间，应是亚洲象保护最优的方案。

观
象
S

秋意深沉

半轮新月之下，巨象之蹼沉重如封印，四野瞑寂无声。人类一步步收敛自己的欲望，丛林里的动物重新获得喘息的空间。

"地球组织"创始人劳伦斯·安东尼讲述过这样一次经历："有一天我在象群旁边，带着我的妻子凯瑟琳娜和我的新生孩子维嘉。我举起我的第一个孩子，给我很熟悉的女族长看。她转身消失在树丛里，没过多久又重新出现，身边是她新生不久的孩子。她也来给我看她的后代了。我是一个科学家，但这件事情我想了很久也无法解释——就像是魔法般的一瞬间。那一刻我们之间有了特殊的连接。"在安东尼的《象语者》中，大象耐心、聪敏，是充满野性和原始生命力的生灵，是一种堪称拥有哲学思考能力的生物。

大象是陆地动物中最具代表性的符号，以其自主能动性、长期与人类密切互动等特点，成功地将全球观者的视线引到山林薮泽，让我们在对自然的沉思中，重新把握世界的真实容貌。在大象沉稳缓慢的步履中，人与野生动物的互动模式正在悄然更改。

三月出野外，八月归故里。秋天又来了。2020 年一群野生亚洲大象，怀着某种令人困惑的隐秘目的，在宁静的山野上跋涉，寻找属于它们的乐园，去完成不为人知的使命。遥遥一千多千米、历时一年半的漫漫长途，最后在人类无微不至的关照与引领下，在无数人的牵挂和惦记中、在不舍昼夜地守护下重返故乡——这是对人与自然和谐关系的浪漫礼赞。

一路是阴晴不定的天空，绿色的田野，葱郁的花木，起伏的山峦；充满意趣的行旅由此起步。

旅途不仅承载着地理区位，也勾连着山川、森林、食物等"治愈性影像"，让关注亚洲象北上的全球亿万观众，得到了类似观影情绪般的宣泄和情感沉浸式体验。

尽管，大象返乡也许并不是这部"治愈性影片"的结束。

1904年，小说家亨利·詹姆斯来到爱默生的故乡康科德河畔时，他若有所思地说："撒落在我身上的不是红叶，而是爱默生的精神。"

我们对万类生灵的善意，就如那漫天飞舞的红叶，化生在自然里，化生在某种精神里，如同鱼出生于水中并适应水。

而人与动物的关系，同时也是对人类内心世界的侧写，那里隐藏着对人类本真的探索，也表达着现代发展下人类对于生命本质的深层思考。

我们常说感谢大自然的恩惠与赐予，事实上

水、空气和阳光，并不是大自然的馈赠，而是人类诞生时的先天与先决条件。亚洲象昭示给我们的一切，无不令人感叹造化的伟大。大自然默默无闻、一言不发，无私地为生物提供生存空间。它不知疲倦地工作着，直到历经沧桑，就像浮云一样散尽，化作云雨雷电、原野江河，伴着轮回的四季，一切又都重新开始。

大象北行一路的所有遭遇，都是大自然情境变迁的投射。但从事件的开端算起，已是由冬走到秋天。

芦叶黄了，在风中酥脆干响，和风渐渐显露锋芒。秋水明净、秋空寥廓，万物盛衰彰显出自然轮回的本能。季节时间本质上就是心理时间，深沉的秋意唤起了人们深切的反省，四时在变幻，日月消长，正如流光飞舞，不可逆转。然而四季又在回转，绵延不尽，所以落花流水尽可两两相忘，付诸天意，反正未来可期。在这个重新降临的秋天，让我们一起领悟与感受，人与自然世界之间，价值与情感的核心究竟存在何方。

惚兮恍兮，其中有象。随心所往，万类自由。

观象
S

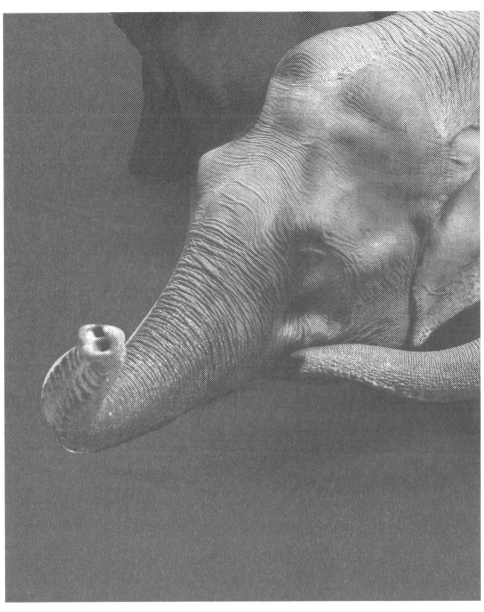

观
象
S

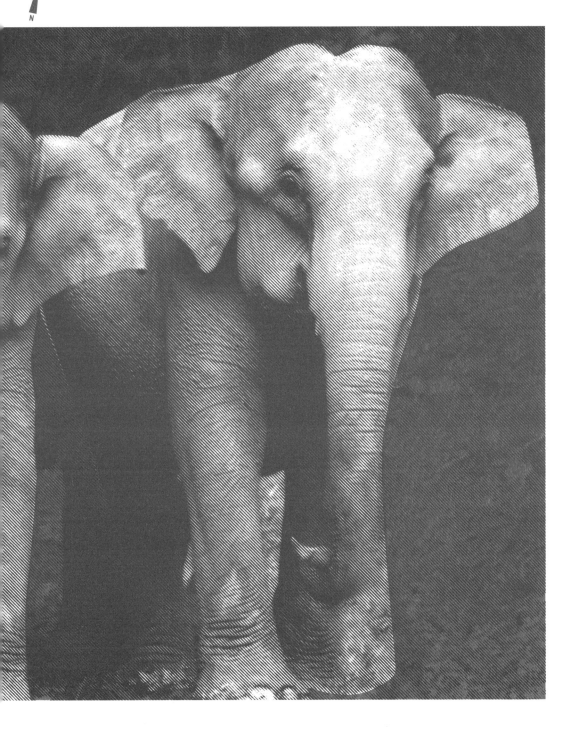

立秋之后，这场关于大象的科学、探索、保护的生动故事也许会告一段落，但有关生物多样性保护、人与自然和谐共生的故事远没有结束。

特别感谢

支持单位

国家林业和草原局野生动植物保护司

中国野生动物保护协会

云南世博旅游控股集团有限公司

云南省林业和草原局

云南省森林消防总队

国家林业和草原局亚洲象研究中心

云南西双版纳国家级自然保护区管护局

云南世博园艺有限公司

昆明世博新区开发建设有限公司

云南民族经济研究会

摄影（像）（以姓氏笔画为序）

沈庆仲、陈　飞、武明录、郑　璇、保明伟

云南省森林消防总队

特约编创

大象有道

图书在版编目（CIP）数据

观象 / 刘东黎著 . —— 北京：中国林业出版社 ,2021.10
ISBN 978-7-5219-1362-0

Ⅰ.①观… Ⅱ.①刘… Ⅲ.①亚洲象 - 普及读物Ⅳ.① Q959.845-49

中国版本图书馆 CIP 数据核字 (2021) 第 194213 号

观 象

出 版 人：刘东黎
项目指导：张志忠　张　睿　武明录　万　勇
　　　　　史永林　程旭哲　周红斌　王晓婷
项目策划：王佳会　杨和昌　李林海　何　伦
　　　　　陈　飞　李红伟　王正刚　薄正喜
　　　　　汤　娜　唐　杨　段兆函
策划编辑：吴　卉　黄晓飞
责任编辑：吴　卉　黄晓飞　张　佳
数字编辑：薄　佳　孙源璞
营销编辑：袁丽莉　刘　煜
书籍设计：⑯ 芥子设计
设计协力：张　肖　曹曦文

电　　话：（010）83143552
出版发行：中国林业出版社
　　　　　（100009，北京市西城区刘海胡同 7 号）
E - mail：books@theways.cn
经　　销：新华书店
印　　刷：北京富诚彩色印刷有限公司
版　　次：2021 年 10 月第 1 版
印　　次：2021 年 10 月第 1 次印刷
开　　本：787mm × 1092mm 1/16
印　　张：18
字　　数：150 千字
定　　价：129.00 元